CE QUE DOIVENT ÊTRE

LES CHEMINS DE FER

EN FRANCE.

V.

PARIS. — IMPRIMERIE ET FONDERIE DE FAIN,
RUE RACINE, N° 4, PLACE DE L'ODÉON.

CE QUE DOIVENT ÊTRE

LES CHEMINS DE FER

EN FRANCE,

ET

TABLEAUX

DE LA

LOCOMOTION SUR LES CHEMINS DE FER,

PRÉCÉDÉS

D'une Notice explicative sur leur formation, et de diverses applications desdits tableaux
et des principes de leur rédaction aux questions les plus importantes qui peuvent
encore être agitées concernant l'établissement des chemins de fer,

ET PARTICULIÈREMENT

DE LA GRANDE LIGNE DE MARSEILLE AU HAVRE.

PAR M. ARNOLLET,

Ingénieur en chef des ponts et chaussées, chargé du détail des études du projet de chemin de fer sur la ligne de
Paris à Lyon, et antérieurement auteur d'un avant-projet général pour la ligne du Havre à Marseille.

A PARIS,

CHEZ CARILIAN-GŒURY, LIBRAIRE
DES CORPS ROYAUX DES PONTS ET CHAUSSÉES ET DES MINES,
Quai des Augustins, N° 41.

MDCCCXXXV.

ERRATA.

PREMIÈRE PARTIE.

PAGES.	LIGNES.	AU LIEU DE :	LISEZ :
14	2	ou 40	ou $\frac{1}{40}$
id.	25	56 tonnes	56 livres
id.	id.	3,75	3 kilo. 75
id.	31	4 atmosphères	4 atmosphères $\frac{3}{10}$

DEUXIÈME PARTIE.

PAGES.	LIGNES.	AU LIEU DE :	LISEZ :
9	20	1,8h	
14	19	le rapporteur	le rapport
16	1	m'appliquant	en appliquant
21	9	de 60	à 60
22	12	étaient	étant
29	22	50	50 livres
30	7	évaporisé	vaporisé
34	26	la mienne pour	la mienne que pour
35	16	de poids	de ce poids
36	31	de l'examiner	d'examiner
58	45	courre	course
60	19	S=14,10 kilo.	S=1410 kilo.

AVANT-PROPOS.

On s'occupe déjà depuis long-temps en France de la question des chemins de fer, et cependant on pourrait dire que cette question y est encore presque neuve ; car, par exemple, si un capitaliste ayant quelques
dispositions à employer ses fonds dans ce genre de spéculation veut se
demander quels pourront être les frais de traction sur un chemin dont
on lui présente le projet, et quelle probabilité de succès offrira l'entreprise, ou connaître jusqu'à quel point, lors de la mise en concurrence,
il pourra être prudent de descendre sa soumission ; s'il veut savoir de plus
quelle vitesse sera la plus avantageuse, d'après les dispositions des lieux
pour exécuter les transports des voyageurs ou des marchandises, connaître
jusqu'à quel point on pourra redouter la concurrence des systèmes de
communication établis ou projetés ; ou se former une opinion sur le
choix des moteurs qu'il convient d'employer, ou sur le choix qui serait à faire entre deux variantes d'un projet présenté avec différentes pentes, pour franchir une position donnée ; sur la convenance de contourner,
de franchir, ou de percer un contrefort qui se présente dans la direction
du tracé, etc., etc., il aura beau consulter les nombreux volumes qui ont
été écrits sur les chemins de fer, l'obscurité naîtra de leur abondance
même ; il trouvera de nombreuses opinions, très-fréquemment contra-
dictoires, qui ne laisseront dans son esprit que des notions très-vagues, et
la prudence lui conseillera de se tenir en garde contre les annonces des
projets qui lui seront présentés, n'ayant pas de moyens suffisans d'apprécier leurs évaluations. On peut être convaincu que ce défaut de notions
précises est le plus grand obstacle qui s'oppose à la formation des compagnies pour des projets qui, dans certaines positions, seraient cependant
de nature à procurer de grands avantages aux actionnaires qui les exécu-
teraient, et aux pays dans lesquels on établirait ce nouveau mode de
communication ; mais plusieurs tentatives de ce genre n'ayant eu qu'un
faible succès, et la cause du mauvais résultat n'étant pas d'abord aperçue,
on redoute de s'engager dans des entreprises aventureuses, ou du moins

on ne veut le faire qu'en obtenant des concessions de tarifs tellement élevés qu'ils détruisent tout l'avantage réel que l'on doit espérer de ces chemins, ou ne laissent pas à ces avantages une importance suffisante pour
faire compensation avec le mal qui résulte nécessairement d'une énorme
perturbation dans toutes les industries fondées maintenant sur les transports de voyageurs ou de marchandises.

Dans un tel état de choses j'ai pensé qu'un travail qui ferait connaître, à la
simple vue, la valeur exacte des frais de traction sur les chemins de fer, dans
toutes les hypothèses admissibles, de pentes du chemin, de vitesse du
transport, de résistance du frottement et de genre de moteurs employés,
serait d'une utilité générale; il m'a paru qu'outre les renseignemens qu'il
fournirait aux capitalistes et qui pourraient les déterminer à prendre part
aux entreprises des chemins de fer, il serait utile aux ingénieurs qui peuvent avoir à s'occuper du tracé de ces chemins, en leur donnant tout calculés des résultats dont la recherche eût exigé de leur part l'emploi d'un
temps considérable; qu'il serait aussi de quelqu'utilité à l'administration, à
laquelle il fournirait les moyens de comparer facilement entre eux des projets qui lui seraient soumis; qu'il pourrait la guider dans la détermination des limites qu'il convient d'adopter pour les tarifs dont la loi doit
sanctionner l'existence, et que ce travail pourrait aussi éclairer le gouvernement et les chambres législatives sur l'effet que l'on doit attendre
des grandes lignes de communication projetées, et sur les chances que
l'état pourrait courir, dans le cas où il lui serait demandé de garantir un
intérêt quelconque aux actionnaires qui fourniraient les fonds.

Il m'a semblé, en un mot, que ce travail tendrait à écarter beaucoup
d'obstacles qui s'opposent encore en ce moment à l'établissement des chemins de fer; c'est dans ce but que je l'ai entrepris, heureux si je puis porter une faible lueur sur une route encore si obscure.

Il eût été à désirer de pouvoir s'appuyer sur les renseignemens authentiques que l'on attend d'une commission nommée à cet effet par M. le
Directeur général; malheureusement les expériences ordonnées ont été
entravées par des obstacles imprévus; mais j'établis mes calculs sur des
faits qui sont de notoriété publique, et dont je démontre la concordance
avec les principes théoriques : une seule chose est encore en ce moment

indéterminée, c'est l'effet de la résistance qui provient des frottemens de diverse nature que les waggons éprouvent dans leur mouvement, effet qui est avec le poids total de ces waggons dans un rapport que je désigne au tableau sous le nom de coefficient des frottemens. Cet effet, dis-je, n'est pas encore connu d'une manière bien positive, et dépend en partie du système des waggons, pour lesquels il a été proposé des améliorations importantes; mais on peut ajouter que ce sera toujours une quantité variable, selon le diamètre des roues, selon l'état du chemin, plus ou moins bien entretenu, et selon les courbes qui y existeront; et vraisemblablement aussi, selon la vitesse des transports, qui peut produire augmentation d'une part, eu égard à différens chocs qui agissent comme les carrés des vitesses, et diminution d'autre part, la pénétration des surfaces étant moindre lorsque le passage est plus prompt; et qu'il est bon, dès lors, que les calculs puissent s'appliquer à différentes valeurs de ce coefficient.

Les expériences faites, en divers temps et en divers lieux, sur les waggons du système qui a été le plus généralement employé jusqu'à cette époque, ont présenté cette résistance variant entre 4 et 6 millièmes du poids total, et l'on peut, sans crainte d'erreur sensible, adopter le terme moyen, 5 millièmes, pour l'hypothèse des waggons ordinaires. On espère que ce nombre pourra se réduire à 2 1⁄2 et même 2 par les modifications proposées.

Le tableau que je présente ici comprend dans son étendue toutes les hypothèses admissibles pour la valeur du coefficient, qui se trouve réuni dans un même nombre avec l'indication de la pente; il suffit donc d'ajouter à la pente donnée d'un chemin sur lequel on voudra connaître les frais de traction, le nombre que l'on aura adopté pour le coefficient, et, sur la ligne qui contiendra cette somme, on trouvera les frais de traction calculés pour toutes les vitesses, lieue par lieue, depuis une lieue à l'heure jusqu'à huit, qui est la vitesse ordinaire pour le transport des voyageurs sur le chemin de Liverpool à Manchester.

J'ai établi mes calculs, soit pour le cas où l'on voudra se servir de chevaux, soit pour l'emploi des machines locomotives; j'admets pour maximum de la vitesse du cheval celle de 4 lieues à l'heure, qui est celle de toutes les messageries anglaises.

Pour ce qui concerne les prix, soit de la journée du travail du cheval, selon la vitesse qui lui est demandée, soit de l'heure du travail de la machine locomotive, également variés selon la vitesse, on peut considérer les bases que j'ai adoptées comme étant, pour un point moyen de la France, un maximum qui ne peut tendre qu'à diminuer beaucoup, et regarder en général comme étant le plus hauts possible tous les frais de traction indiqués dans le tableau que je présente ; j'aurais pu me baser sur des documens très-appréciés pour indiquer les frais beaucoup plus faibles, j'ai préféré tomber dans un excès contraire. Je ne joindrai à ce tableau qu'une exposition très-succincte de la manière dont il a été formé, j'y ajouterai quelques détails sur la machine locomotive que j'ai prise pour base des calculs; et sur la nécessité d'avoir des machines spécialement disposées pour produire leur plus grand effet d'après l'état des lieux où l'on doit les employer, et la vitesse qu'on désire.

J'y ajouterai aussi quelques applications de l'usage de ce tableau, savoir :

1° Pour évaluer les frais de transport sur un chemin avec des hypothèses données, en y réunissant les autres dépenses qui doivent également ment concourir pour la détermination des tarifs.

2° Pour déterminer la pente qu'il est le plus avantageux d'employer lorsque l'on doit franchir des hauteurs qui sont déterminées, pentes que l'on désigne sous le nom de pentes normales.

3° Pour établir la comparaison de deux tracés d'un chemin à exécuter entre deux points d'une même vallée, l'un suivant les sinuosités de cette vallée par une ligne de pente uniforme, l'autre suivant une ligne plus courte, en admettant des contrepentes.

4° Pour établir la comparaison entre les frais de transport des marchandises et de voyageurs, par le moyen des chemins de fer et par la voie de navigation.

5° Pour l'examen des causes de non succès de quelques entreprises connues.

6° Je terminerai enfin par quelques considérations générales sur l'établissement de la grande ligne de communication projetée entre les villes du Havre et de Marseille.

TABLEAUX

DE LA

LOCOMOTION SUR LES CHEMINS DE FER.

FORMATION DU TABLEAU DE LOCOMOTION.

Soient

f la force d'un moteur, ou l'effort de traction que l'on suppose fait par ce moteur, sans considérer la vitesse dont il peut être animé;

m le poids de ce moteur, y compris le char de service pour la machine locomotive;

c le coefficient des frottemens, ou le rapport qui existe entre les résistances qu'un waggon éprouve dans ses mouvemens par l'effet des frottemens des deux genres, et le poids total de ce même waggon et de sa charge, rapport que l'on suppose exprimé en millièmes de l'unité;

s le sinus de l'inclinaison des rails d'un chemin de fer, également exprimé en millièmes de l'unité;

p le poids d'un convoi qui doit être traîné par le moteur.

N'y ayant, sur des plans d'une inclinaison aussi faible, que celle qui peut être admise pour des chemins de fer, où le service doit être fait par des machines locomotives ou des chevaux, qu'une différence inappréciable entre leur longueur et leur base, de sorte que l'on peut toujours considérer le co-sinus de l'inclinaison comme étant égal à l'unité, le rapport entre la puissance qui tend à faire marcher un convoi sur un chemin de fer, et les résistances que le moteur éprouve, tant par l'effet du frottement sur les axes et du développement des roues sur les rails, que par celui de l'inclinaison de ces rails, peut s'exprimer par l'équation,

$$F = (p+m) \times (c+s), \text{ ou } (p+m) = \frac{F}{(c+s)}$$

et comme les nombres c et s représentent des millièmes d'unité, en les considérant comme nombres entiers dans le calcul, on aura pour quotient des nombres mille fois plus grands, c'est-à-dire qui exprimeront des tonnes, tandis que les forces de traction F seront exprimées en kilogrammes.

C'est par le moyen de cette formule qu'on a calculé toutes les colonnes du tableau qui indiquent le poids total traîné par chaque moteur, selon la force qui lui est assignée.

Pour avoir le poids net, c'est-à-d're la quantité réelle des marchandises transportées, on a, dans le cas de l'emploi d'une machine locomotive, déduit d'abord le poids de la machine et de son char de service, que l'on suppose ensemble de douze onnes, ce qui a formé la colonne qui vient après le poids total, et l'on a pris les deux tiers de ces nombres pour avoir ceux qui sont inscrits dans la colonne des poids nets, supposant que chaque waggon por era le double de son propre poids.

Relativement à l'emploi des chevaux, on n'a pas fait déduction de leur poids, parce que les observations faites sur la force de ces animaux, l'ont été dans les circonstances du mouvement, et que le cheval alors soulève à chaque moment son poids, surtout lorsqu'il va au trot, et que d'ailleurs sur les faibles inclinaisons, qui seules peuvent être admises pour les chemins de fer, l'effort fait par le cheval pour se monter lui-même sur le plan incliné est peu de chose en comparaison de celui qu'il fait pour traîner le char auquel il est attelé.

Si cependant on voulait y avoir égard, ce ne serait pas sur le poids traîné qu'il faudrait faire déduction de celui du cheval, puisque ce poids n'est pas sur les waggons; ce serait la force elle-même qu'il faudrait faire varier, par rapport au convoi tiré, et il en résulterait des calculs qui ne peuvent pas figurer dans le tableau. Il faudrait d'ailleurs connaître exactement en quoi l'effort que fait le cheval pour se soulever lui-même, diminue celui qu'il peut faire dans le sens horizontal, et nous n'avons pas à cet égard des expériences assez précises. Mais, nous le répétons, les réductions qui pourraient en résulter dans le produit seraient inappréciables pour les faibles inclinaisons.

Connaissant le poids des marchandises traînées par le moteur, on a cherché, pour en déduire les frais de traction, les nombres qui sont dans la colonne intermédiaire, et qui expriment l'effet utile de la force employée en nombres de tonnes transportées à un kilomètre de distance, soit par la journée du travail du cheval, soit par l'heure du travail de la machine locomotive; pour cela faire, lorsqu'il s'est agi de chevaux, on a multiplié le nombre d'heures du travail de chaque jour par le nombre des kilomètres parcourus pendant une heure, ce qui a donné l'espace total parcouru dans la journée, et l'on a multiplié ce nombre successivement par tous ceux qui indiquent en poids nets les nombres de tonnes que le cheval peut traîner, dans chaque hypothèse du tableau, ce qui donne l'effet utile demandé, puisque, s'il traîne dix tonnes en parcourant vingt kilomètres, il fait évidemment le même travail qu'en transportant vingt fois dix tonnes, ou deux cents tonnes, à la distance d'un kilomètre.

Lorsqu'il s'est agi de la machine locomotive, on a multiplié par 4 les nombres de lieues indiquées par heure, pour la vitesse, ce qui a donné en kilomètres les espaces parcourus en une heure, et l'on a, comme ci-dessus, multiplié ces espaces par les nombres indiqués dans les colonnes du poids net, ce qui a donné l'effet utile en une heure.

Pour déterminer les frais de traction d'après la connaissance de l'effet utile, on a divisé les prix de la journée du cheval, ou de l'heure de travail de la machine locomotive, par les nombres de tonnes transportées à 1 kilomètre, soit dans la journée, soit dans l'heure.

La recherche de ces frais de traction étant le but principal de ce travail, on aurait pu les donner seuls, comme ils le sont dans la 6ᵐᵉ partie du tableau; mais on a voulu y joindre les élémens qui ont servi à leurs calculs, afin que chacun eût la faculté d'en vérifier l'exactitude; ces élémens eux-mêmes offrent d'ailleurs de l'intérêt, notamment les colonnes qui indiquent les poids des convois qui pourront être traînés dans chaque cas. On a présenté les calculs en variant les valeurs de $(c+s,)$ d'abord par demi-millième, jusqu'à 10, qui représente une pente 0,005, en supposant le coefficient $C=5$, et cette pente de 0,005 sera rarement dépassée dans le tracé des chemins de fer.

Pour les pentes supérieures, on a continué le tableau de 2 en 2 millièmes jusqu'à 54, qui est le cas d'une inclinaison d'environ 5 centimètres par mètre; c'est la limite à laquelle les machines locomotives ne peuvent plus rien traîner au delà de leur char de service, et on ne les emploiera jamais que sur des pentes bien inférieures. On n'a indiqué au tableau les résultats du calcul pour ces pentes que pour montrer l'ensemble de la loi du décroissement de l'effet des différens moteurs.

Pour les fortes pentes, qui prennent alors le nom de plans inclinés, on peut employer des chevaux ou des machines fixes. La première colonne des tableaux relatifs aux chevaux fait connaître le nombre de ces animaux qui serait nécessaire pour traîner sur les pentes les convois supposés de 50 tonnes; mais pour passer de là à la connaissance des forces nécessaires à une machine fixe pour remonter les mêmes convois avec une vitesse donnée, admettant que la force du cheval (vapeur) sera représentée par 75 kilogrammes avec vitesse d'une lieue à l'heure, ou $1^{\text{m}} 10^{\text{c}}$ par seconde, c'est-à-dire de moitié plus grande que l'effet réel d'un cheval, il faudra prendre les 2/3 des nombres de chevaux indiqués dans la première colonne de la première partie du tableau, et multiplier ce résultat par la vitesse qui sera demandée pour le convoi.

Ainsi, pour un plan incliné de 45 millimètres, qui se trouve indiqué par la valeur 50 de ($c+s$), le nombre des chevaux animés serait de 50 pour la vitesse d'une lieue. Si l'on veut que la vitesse soit de 4 lieues à l'heure, prenant les 2/3 de 50, $=$ 33. 33. et les multipliant par 4, on trouve que la machine devrait être de 133 chevaux.

On peut être certain de l'exactitude des calculs du tableau d'après les bases qui ont été adoptées; mais la vérité des résultats dépend en premier lieu de l'exactitude des bases; il est donc nécessaire d'examiner ici ces bases elles-mêmes, afin de donner la conviction que les résultats mé-

(9)

ritent confiance, et que des spéculations fondées sur ces calculs ne pourront qu'être avantageuses.

Pour le travail des chevaux, j'admets les résultats extrêmes mention-
nés dans le dernier ouvrage de M. Minard, concernant les chemins de fer.
Ce sont les plus faibles produits que les auteurs aient jamais indiqués; j'ai
introduit deux vitesses intermédiaires au lieu d'une, pour mieux coor-
donner la série du tableau, et de plus, parce que ces vitesses sont parfaitement en harmonie avec les différentes sortes de chevaux; celle de deux
lieues à l'heure est une allure très-ordinaire, ce serait vraisemblablement celle que l'on adopterait pour des transports qui n'exigeraient pas
impérieusement une célérité plus grande. En employant les chevaux de
cette manière, et avec les efforts indiqués, il serait très facile de les maintenir en bon état.

Les prix portés pour la journée de ces chevaux, en raison de leur qua-
lité, déterminée par la vitesse à laquelle ils seraient destinés, sont au-dessus des prix moyens; il y aurait peu de localités où ces prix pussent se
trouver susceptibles d'augmentation.

Il était moins facile de déterminer la valeur d'une heure de travail pour
une machine locomotive; on peut bien apprécier le charbon brûlé, dont
la moyenne est de 200 kilogrammes pour vaporiser un mètre cube d'eau
par heure, ce qui a lieu pour la plupart des machines anglaises, et notamment pour celle dite le Jackson, du chemin de Roanne, sur laquelle il a
été fait de nombreuses expériences par MM. les directeurs de ce chemin.
On admet la même base pour les calculs de ce tableau.

On peut aussi facilement apprécier les frais d'un conducteur et d'un
chauffeur; mais ces dépenses réunies ne sont qu'une faible partie de celles
qui ont eu lieu pendant deux ans, concernant le service des machines sur
le chemin de Liverpool.

Ces dépenses sont indiquées dans l'ouvrage déjà cité de M. Minard, et
c'est de là qu'on a déduit le prix moyen de l'heure de travail, tel qu'il
est porté au tableau.

Les dépenses totales, concernant uniquement les machines, se sont éle-
vées, pendant le cours de deux années, à la somme de 1,297,000 fr.

Il a été fait dans le même temps douze mille cinq cent quinze voyages de Liverpool à Manchester, ou de Manchester à Liverpool, pour transporter des voyageurs, et neuf mille deux cent sept pour transporter des marchandises.

Évaluant à deux heures la durée moyenne du trajet pour le transport des voyageurs, et celle du transport des marchandises à trois heures, ce qui ne peut différer que très-peu de la réalité, il en résulte un nombre total d'heures de service pour les machines locomotives d'environ cinquante-trois mille.

Divisant par ce nombre le montant total de la dépense, il en résulte un prix moyen de 24 fr. par heure.

Il est à remarquer à ce sujet que la distance qui existe entre Liverpool et Manchester n'étant que de quarante-huit mille mètres, et se trouvant parcourue en une heure et demie par les convois de voyageurs de première classe (qui ne s'arrêtent pas dans le trajet), et en deux heures et demie par les convois de deuxième classe (qui s'arrêtent en divers points pour prendre ou déposer des voyageurs), il y a nécessairement à chaque voyage beaucoup de temps et de dépenses perdus pour préparer la machine, chauffer la chaudière, etc.; beaucoup de faux-frais, en un mot, qui n'existeraient pas dans le service régulier d'une grande ligne; que de plus, la dépense totale comprend l'acquisition de beaucoup de machines nouvelles, et que les dépenses actuelles pour l'entretien des chaudières sont beaucoup moins grandes qu'à cette époque; le prix moyen déduit du temps effectif de leur travail est donc réellement trop élevé.

Si l'on s'en rapportait aux indications qui sont données par M. Biot dans l'ouvrage intitulé : *Manuel des chemins de fer*, sur les dépenses de toute nature relatives au service et à l'entretien des machines locomotives employées au chemin de Saint-Étienne à Lyon, les dépenses, y compris l'intérêt du capital de leur acquisition, ne s'élèveraient qu'à la somme de 37 fr. par jour, pour trois voyages qui exigent ensemble un travail d'à peu près huit heures. La dépense ne serait donc pas plus de 5 fr. par heure, tandis que l'on suppose ici le prix moyen de 24 fr.; pour une machine à la vérité plus puissante; mais on est convaincu que M. Biot n'a écrit que sur des renseignemens incomplets. M. Devilliers, dans sa notice sur un projet de chemin de fer de Paris à Versailles, évalue à 64 fr. au lieu de 37 la dépense journalière de la machine qu'il suppose du poids de 5 tonnes, ce qui porterait le prix du travail à peu près à 8 fr. par heure; je maintiens néanmoins l'évaluation au triple de cette somme, bien persuadé cependant que, dans un service bien établi, la dépense effective sera beaucoup moindre que je ne la suppose, mais je conserve ce prix de 24 fr. pour être plutôt au-dessus qu'au dessous de la réalité dans l'indication des frais de traction que mon but est de faire connaître, je vais décrire ici la machine qui sert de base à mes calculs.

Il convient d'abord de faire observer que dans les machines locomotives sans expansion telles qu'elles sont employées sur les chemins de fer, il y a un maximum d'effet qui correspond à une vitesse telle, que les pistons, par leur mouvement, fassent entrer dans les cylindres où ils manœuvrent toute la vapeur que la chaudière produit habituellement, et en lui conservant (sauf une légère perte qui est indispensable) la même force élastique que celle qui a lieu dans la chaudière; il y a donc pour cela un rapport nécessaire entre le diamètre du piston, sa longueur de course, sa vitesse, et la quantité d'eau qui peut être constamment transformée en vapeur par la combustion du charbon; toutes choses étant réglées ainsi, si le piston diminue de vitesse, la production de vapeur restant la même, cette vapeur ne pourra pas être entièrement dépensée, les soupapes de sûreté se lèveront, mais le piston n'augmentera pas de force par la diminution de vitesse. Il y aura perte de vapeur, et moindre quantité d'action. Si, au contraire, la vitesse du piston est plus grande que celle qui correspond au maximum d'effet, et que l'on peut appeler vitesse normale, la vapeur suit toujours le piston; mais une même quantité d'eau vaporisée occupe un espace d'autant plus grand, que la vitesse du piston est plus grande; cette vapeur s'y trouve donc avec une moindre force élastique, et son effet diminue en raison de cette dilatation; si par exemple on suppose que dans l'état normal la vapeur qui presse le piston soit quatre fois plus comprimée que l'air atmosphérique, et que l'on vienne à donner au piston une vitesse quatre fois plus grande, le même volume d'eau vaporisé dans l'unité de temps occupera quatre fois plus d'espace, son ressort ne sera donc plus qu'égal à la pression atmosphérique, et son action sur le piston sera absolument nulle, elle serait même négative, en égard à la moindre température. L'action dont le piston est capable décroît donc de cette manière, depuis son maximum d'effet jusqu'à zéro, tandis que sa vitesse augmente dans un rapport croissant de 1 à 4.

Il suit de là que, pour obtenir d'une machine le maximum d'effet, il faut qu'elle travaille toujours avec sa vitesse normale; mais ce sera chose impossible si le chemin qu'elle doit parcourir offre des inégalités dans ses pentes, à moins que l'on ne puisse faire varier le poids du convoi, en raison inverse des sommes des coefficiens du frottement et des pentes, et comme la plupart des chemins existans ou projetés le sont avec des pentes variables, j'ai dû supposer que la machine pourrait varier son effet, en admettant que le maximum de cet effet aurait lieu lors de la plus faible vitesse, que je suppose de quatre lieues à l'heure.

J'ai terminé le tableau (7ᵉ partie) par l'indication des effets d'une machine de même force, mais qui serait disposée pour produire son maximum d'effet en ayant la vitesse de huit lieues, machine que j'ai désignée sous le nom de spéciale, tandis que j'ai appelé machine commune celle qui doit être employée pour les différens degrés de vitesse; on voit à l'aspect de ce tableau quelle énorme différence il y a entre les deux produits.

Je reviens à la description de la machine commune.

Je suppose, ainsi que je l'ai dit plus haut, une machine qui, brûlant 200 kilogrammes de charbon par heure, puisse vaporiser dans le même temps, par l'effet de cette combustion, un volume d'eau d'un mètre cube. Dans le nombre des expériences faites sur une machine semblable, par MM. les directeurs du chemin de Roanne, et dont on donne ci-joint le tableau, la plupart n'ont eu lieu que pendant quelques minutes, et l'on ne peut pas en tirer de conclusions bien positives, mais cette machine a remonté avec charges les chemins entiers de Givors, au souterrain de Rive-de-Gier, et de Rive-de-Gier, au souterrain de Terre-Noire; ces épreuves ont été d'une longueur suffisante pour que l'on puisse en conclure les forces de traction et les effets utiles de la machine. Le chemin de Givors à Rive-de-Gier a été parcouru avec un effort de traction de 615 kilogrammes, et celui de Rive-de-Gier à Saint-Étienne, avec effort de 710 kilogrammes; la vitesse est annoncée, dans l'un et l'autre cas, avoir été de cinq lieues à l'heure; cette appréciation peut ne pas avoir été faite avec une exactitude rigoureuse; mais sans considérer cette vitesse au delà de quatre lieues à l'heure, et supposant la force du cheval (vapeur) égale à un effort de 75 kilogrammes avec vitesse d'une lieue (1^m 10^c par$''$), l'effort de la machine aurait été dans ce travail égal à quarante-deux chevaux (a).

Je n'admettrai pas même encore un aussi grand résultat, et je supposerai la force de traction réduite à 600 kilogr. avec vitesse de 4 lieues à l'heure, ce qui équivaut à 2400 avec vitesse d'une lieue, et divisant par 75, on aura le nombre 32 pour exprimer la force de la machine.

Je suppose 2 cylindres de 0 m. 25 cent. de diamètre et la course des pistons de 0 m. 50 cent.; le diamètre des roues 1 m. 27 cent., ce qui produit 4 mètres de développement; il faudra pour chaque lieue 1000 tours de roue, et par conséquent mille coups doubles de chaque piston, ce qui dépensera un volume de vapeur égal à 4000 fois la capacité d'un cylindre. Or, d'après le diamètre indiqué de 0 m. 25 cent., la section du cylindre

---

(a) *Tableau de cinq expériences faites sur la machine locomotive le Jackson, par MM. les directeurs du chemin de fer de St.-Étienne à Roanne.*

N^{os}.	DÉSIGNATION des expériences.	Durée de l'expérience.	Vitesse par heure.	Pentes du chemin.	Sommes de la pente et du coefficient supposé de 0,004.	Poids total traîné.	Effort total de traction.	Nombre de forces de chevaux.
1re.	Sur le chemin de Givors à Rive-de-Gier.	0^h 45$'$	5 lieues.	0^m,006	0,010	61^t, ½	615 kil.	45,0
2e.	Sur le chemin de Rive-de-Gier à Saint Étienne..	1 ,00	4	0 ,014	0,018	39, ½	711	41,7
3e.	Sur le plan incliné de Nullisse. . . .	0 ,04	5	0 ,030	0,034	27	918	67,3
4e.	Sur le même plan.	0 ,04	8 ¼	0 ,030	0,034	12	408	49,0
5e.	Sur le plan incliné de Biesse. . . .	0 ,06	5	0 ,045	0,049	12	548	40,0

On a omis de mentionner trois autres expériences douteuses; on pourrait aussi considérer comme telle celle qui est indiquée ici sous le n° 3, dans laquelle il est à présumer que le convoi était animé par une plus grande vitesse acquise, avant de monter sur le plan incliné.

serait de o m. o491 , je la supposerai o, o5, augmentant légèrement le diamètre. La course étant o m. 5o, la capacité sera o, o25, ou 4o du mètre cube, et les quatre coups donnés, pour chaque tour de roue, formeront un total de 17io de mètre cube. Les mille tours de roue qui formeront la lieue dépenseront donc 1oo mètres cubes de vapeur, telle qu'elle est contenue dans les cylindres.

Pour que l'action de cette vapeur puisse déterminer à la circonférence de la roue une force de traction de 6oo kilogrammes, l'espace parcouru par le piston n'étant que le quart du développement des roues, la vapeur doit exercer utilement sur eux une action de 24oo kilogrammes ou 12oo kilo. pour chacun d'eux.

Leur superficie étant de o, o5, la pression utilement exercée par la vapeur devra être de 24o kilogrammes par décimètre quarré, ce qui représente une hauteur d'eau de 24 mètres ou 2 atmosphères 1/3 au delà de la pression atmosphérique.

Admettons que la pression totale doive être portée à 4 atm. $\frac{1}{4}$ y compris la pression naturelle, ce qui, en supposant à la vapeur qui s'échappe du cylindre une force de 1 atm. $\frac{1}{4}$, laisse pour l'action utile dans l'intérieur dudit cylindre une pression de 3 atm. Ayant vu ci-dessus qu'il n'y en a que 2 $\frac{1}{3}$ dont l'action soit transmise aux roues, il en restera $\frac{1}{3}$ employés à vaincre la résistance des frottemens de la machine; et, admettant également $\frac{1}{4}$ atm. de différence entre la tension de la vapeur dans la chaudière et celle de l'intérieur du cylindre, celle de la chaudière sera 4 atm. $\frac{1}{2}$, et les soûpapes de sûreté devront été chargées de 56 tonn. par pouce carré, ou 3,75 par centimètre carrés (1).

La dépense totale de vapeur sera pour une lieue parcourue de 1oo mètres cubes, sous une pression de 4 atm. $\frac{1}{4}$, et le poids d'un mètre cube de vapeur ainsi comprimée étant de 2,22 kil., la consommation sera de 222 kil. par lieue, ou 888 kil. par heure; mais, ayant égard aux pertes,

---

(1) Les règlemens anglais prescrivent de ne charger les soupapes que de 5o livres par pouces quarré (mesures anglaises) ce qui correspond à une pression totale de 4 atmosphères, ou 53 livres par pouces (mesures françaises anciennes). On suppose que le règlement sera à peu près de même en France, mais il y aura t beaucoup plus d'avantage à admettre une pression plus forte.

nous admettons qu'il pourra être dépensé 1 mètre cube d'eau pour le parcours de 4 lieues, ce qui exige la consommation de 200 kil. de charbon, comme elle a lieu habituellement sur le chemin de Roanne, à raison de chaque heure de service.

Pour déterminer maintenant la puissance qu'aura la machine selon ses différens degrés de vitesse; nous supposerons d'abord que le même poids de vapeur entre continuellement dans le cylindre; 1 kil. de cette vapeur occupera dans ce cas des espaces qui augmenteront proportionnellement aux vitesses; or, sous la pression de 4 atm. $\frac{1}{4}$ que l'on suppose exister dans le cylindre, pour la vitesse de 4 lieues, 1 kil. d'eau vaporisée occupe un espace de 0^m,451. Sont volume sera donc de 0^m,902 pour la vitesse de 8 lieues; or, ce volume correspond exactement à une force élastique de 2 atm. (1), et déduisant 1 atm. $\frac{1}{4}$ pour la pression de la vapeur sortant du cylindre, il reste pour la pression active à l'intérieur 0 atm. 75; et comme l'effort de traction de 600 kil. résulte de la pression active de 3 atm., celle de 0 atm. 75, en supposant toutes les pertes des frottemens proportionnelles aux pressions, produirait un effort de traction de 150 kil.

On trouvera de la même manière que les forces de traction intermédiaires seraient :

Pour la vitesse de 5 lieues. . . . .   419 kil.
Pour celle de 6 lieues.   306
Pour celle de 7 lieues.   214

Et ces nombres seraient encore trop élevés, parce que les pertes à déduire ne diminuent pas toutes dans le même rapport que la pression de la vapeur.

Les calculs précédens sont faits, ainsi que je l'ai annoncé, en supposant que l'émission de la vapeur soit constamment là même; mais cette supposition n'est pas absolument exacte : il est à observer, d'abord que l'eau de la chaudière étant moins comprimée lors de la grande vitesse et à une moindre température, la même consommation de charbon peut produire le dégagement d'un poids de vapeur un peu plus grand,

---

(1) Tables de **M.** Clément-Désormes.

une autre cause d'augmentation, regardée comme plus importance, se trouve en outre dans la rapidité même de la course qui fait entrer l'air avec plus de force dans le dessous du foyer, dont l'ouverture est tournée du côté de l'avant de la machine (1).

Il est impossible de fixer le chiffre exact de cette augmentation de vapeur, qui d'une part semblerait fournir encore elle-même une cause à son accroissement, vu qu'un plus grand poids de cette vapeur passant par la cheminée doit y augmenter le tirage, mais qui d'autre part ne paraît pas pouvoir être bien grande, d'après la relation mentionnée par Wood (1) de ce qui est arrivé à la machine la Sans-Pareille, qui avait voulu augmenter le tirage par sa cheminée, tant en facilitant l'entrée de l'air sous le foyer, par la forme de l'ouverture, qu'en augmentant l'action de la vapeur qui passe des cylindres dans la cheminée par celle d'un jet continu partant directement de la chaudière ; cette machine a dépensé 566 kil. de charbon pour vaporiser un mètre cube d'eau, tandis que la fusée n'en a dépensé que 189 kil. pour donner le même résultat, et elle n'a vaporisé en une heure que 680 litres d'eau, tandis que la fusée, machine plus légère d'un huitième, en a vaporisé 520. Ainsi, la consommation de plus du double de charbon n'a produit presque aucun effet sur la quantité de vapeur.

Ce résultat ne doit pas surprendre, car on conçoit facilement que l'introduction d'une trop grande quantité d'air qui ne peut pas être entièrement combiné au charbon en traversant le foyer, entraîne plus rapidement la flamme par les tuyaux sans les échauffer davantage. Il paraît constant néanmoins, que depuis ces expériences déjà anciennes sur la fusée et la sans-pareille, il y a eu de grands perfectionnemens dans les chaudières et les foyers, et peut-être aussi dans l'art de gouverner le feu, et il résulte de beaucoup d'observations que, dans une machine bien conduite, la vaporisation peut s'augmenter par la vitesse ; mais il faudrait que ces observations fussent multipliées et faites avec beaucoup de soin,

(1) Cette disposition du foyer est vraisemblablement la cause de l'effet observé, et qui n'a pas reçu d'explication lors du concours de Liverpool, que les machines ont toutes produit un plus grand résultat en tirant les convois qu'en les poussant devant elles.
(2) Traduction de Montricher, pages 214 et 215.

(17)

si l'on voulait avoir une moyenne bien probable pour cette augmentation ; on croit pouvoir provisoirement la supposer d'un dixième, entre les vitesses de 4 et de 8 lieues à l'heure, vu que cette hypothèse paraît s'accorder avec des résultats connus. Et d'après cela, portant à $1^m,10$ le volume d'eau qui sera vaporisé par heure, quand la vitesse sera de 8 lieues, il en résultera que le kilogramme de vapeur, au lieu d'occuper un espace de $0^m,902$ comme cela aurait lieu dans l'hypothèse de la vaporisation uniforme, sera réduit au volume de $0^m,82$: ce qui correspond à une force élastique de 2 atm. 25, et déduisant 1 atm, 25 comme précédemment, il restera 1 atm. dont la pression s'exercera utilement, ce qui produira pour cette vitesse de 8 lieues, un effort de 200 kil. au lieu de 150 que l'on a trouvés ci-dessus, dans l'hypothèse où la vaporisation ne serait pas augmentée, d'où l'on voit la grande influence de l'augmentation de la vapeur, puisque celle d'un dixième en produit une d'un tiers dans l'effet utile de la machine pour cette vitesse de 8 lieues.

Cet effort de 200 kil. est à peu près ce que l'on trouverait en calculant comme s'il n'y avait ni pertes par l'abaissement de la température, ni augmentation par l'effet de la vitesse.

On admettra, par les mêmes raisons, pour les vitesses intermédiaires les efforts de traction ci-après :

Pour la vitesse de 5 lieues, au lieu de 416 — 440
Pour celle de 6 lieues, au lieu de 306 — 330
Pour celle de 7 lieues, au lieu de 214 — 250

C'est d'après ces suppositions qu'ont été calculés les tableaux pour la machine, que j'appelle machine commune, mais on peut juger par ce qui précède, que les indications les plus certaines sont pour la vitesse de 4 lieues, où la machine emploie son effort total de traction.

On peut être assuré de plus, que les poids indiqués pour les convois ne sont qu'un *minimum* ; car, il y a tout lieu de croire que l'on pourra obtenir un peu plus de vapeur, même pour la faible vitesse, alors on donnerait un plus grand diamètre au piston et la puissance augmenterait d'autant.

Quant à ce qui concerne la machine destinée spécialement à la vitesse de 8 lieues à l'heure, c'est-à-dire dont le *maximum* n'aurait lieu qu'avec cette vitesse, et que j'ai appelée machine spéciale, supposant toujours la quantité de vapeur de 1,100 litres par heure pour ladite vitesse de 8 lieues, les pistons ne devraient avoir que 20 centimètres au lieu de 25, pour employer avec la même tension ladite quantité de vapeur, et l'on obtiendrait un effort de 330 kilogrammes au lieu de 200, ce qui doublerait l'effet utile sur la rampe d'un demi-millième (ainsi qu'on peut le voir par les tableaux), rampe que l'on peut regarder comme moyenne en suivant les plaines, et l'avantage s'augmenterait encore en raison de l'accroissement des pentes; mais aussi ce serait vainement que l'on voudrait essayer d'augmenter la force de traction de cette machine, en ralentissant sa vitesse; on ne le pourrait du moins que d'une faible quantité (a), et l'augmentation n'aurait lieu que parce qu'avec moins de vitesse du piston, l'équilibre se maintient mieux entre les forces élastiques de la vapeur dans le cylindre et dans la chaudière, et que la pression s'élève un peu dans celle-ci, quand la vapeur soulève les soupapes.

Il faut donc, si l'on admet dans le tracé des chemins un système ondulé ou de pentes irrégulières, employer des machines dont le maximum d'effet sera pour les vitesses convenables aux plus fortes rampes qui existeront sur ces chemins, et se résoudre à perdre la majeure partie de leur action, quand on voudra les employer avec la vitesse de 8 lieues.

Dans cette même hypothèse de chemins ondulés, il serait impossible d'employer avantageusement des machines de force moindre que celle que nous venons d'examiner; si en effet on suppose une machine de la force de 12 chevaux, capable d'un effort habituel de 12×75 kilo. avec vitesse d'une lieue à l'heure, ou 3×75 kilo. avec vitesse de quatre lieues, $= 225$ kilo. pour le maximum d'effet, cet effort serait réduit, pour la vitesse de 8 lieues, à être au plus de 70 kilogrammes; supposant dans ce cas le chemin de niveau et le coefficient du frottement $= 0,005$, cette

----

(a) On obvierait à cet inconvénient à l'aide d'un mécanisme que j'ai depuis long-temps indiqué, qui donnerait les moyens de procurer trois degrés de vitesse à la machine sans augmenter le nombre des impulsions du piston. (2)

machine ne pourrait traîner, compris son propre poids, que 14 tonnes. Ainsi, quelque légère qu'on pût la supposer, elle ne pourrait rien remorquer sur une pente de 3 millimètres.

On doit donc, sous le rapport de la force des machines, s'en tenir à ce que l'expérience anglaise, bien d'accord avec la théorie, a prouvé le plus avantageux.

La machine du chemin de Roanne, sur laquelle ont été faites les expériences mentionnées ci-dessus, n'excède pas le poids de 8 tonnes. Ce poids peut être supporté par un chemin construit avec soin.

EXEMPLES D'APPLICATION
DE L'USAGE DU TABLEAU DE LOCOMOTION.

1° *Pour déterminer quels devraient être les tarifs sur un chemin dans des hypothèses données.*

Supposons un chemin de 200,000 mètres de longueur, dont 100,000 en montant avec une pente de 2 millimètres et 100,000 en descendant avec une pente semblable, de telle sorte que l'on puisse y employer les machines spéciales.

Que la dépense de construction du chemin ait été de 125 fr. par mètre, ou 500,000 par lieue, ou 25,000,000 pour la longueur totale, l'intérêt du capital, à raison de 5 p °/₀ sera 1,250,000 fr. ; supposons que le mouvement commercial qui aura lieu sur cette ligne soit de 300,000 tonnes, dont 200,000 en marchandises qui n'exigent que la moindre vitesse et 100,000 en voyageurs, ou marchandisse précieuses, qui demanderont la vitesse de 8 lieues à l'heure.

Supposons que pour un semblable tonnage les dépenses d'entretien annuel et d'administration du chemin s'élèvent à 3 fr. par mètre de longueur.

J'admettrai de plus que les voyageurs et marchandises précieuses doivent payer pour leur part des frais d'entretien et intérêts du capital, trois fois plus que les marchandises transportées à petite vitesse, ce qui n'aura rien que de juste, en ce que beaucoup de détériorations doivent se trouver proportionnelles au quarré des vitesses, et que les dépenses d'exécution du chemin sont généralement augmentées dans la vue de procurer les plus grandes facilités aux transports rapides.

Nous aurons dans ces hypothèses à partager la somme de 1,250,000 fr. d'intérêt et celle de 600,000 d'entretien, ensemble 1,850,000 fr. $\frac{2}{5}$ pour les marchandises et $\frac{3}{5}$ pour voyageurs, ou 740,000 fr. pour marchandises et 1,110,000 fr. pour voyageurs, ce qui donnera par tonne, pour le voyage entier, 3 fr. 70 c. pour marchandises et 11 fr. 10 c. pour voyageurs et revient par tonne et kilomètre à 1 c. 85 pour marchandise et 5,55. pour voyageurs; d'après cela, ayant $c+s=7$ et $c-s=3$, le prix de la tonne transportée à vitesse de 4 lieues sera :

Pour la montée. . . . . $2^c 53 + 1^c 85 = 4.38.$ $\Big\}\, 723$
Le même pour la descente sera. . . . $1^c 00 + 1.85 = 2.85.$
Ce qui donne une moyenne de. . . . . $3^c 62.$

Pour les 100,000 tonnes de voyageurs, ou de marchandises précieuses, la vitesse étant de 8 lieues, on aura pour chaque tonne :

1° Pour la montée. . . . . . . $3.73 + 5.55 = 9.28$ $\Big\}\, 16.17$
2° Pour la descente. . . . . . $1.34 + 5.55 = 6.89$

Dont la moyenne est. . . . . $.8.09$

Ainsi, en portant les tarifs à ce taux, et ajoutant même un dixième sur les marchandises à vitesse de 4 lieues, ce qui ferait 0 f. 04 c. par tonne et par kilomètre, et portant celui des marchandises précieuses à 0 f. 10 c., on voit que tous les frais possibles et intérêts à 5. pour $\frac{0}{0}$ se trouveraient couverts par le produit; observant maintenant que les waggons employés pour le transport des voyageurs, au lieu de porter trois tonnes de marchandises, contiennent 18 ou 30 voyageurs, selon la classe des voitures, d'après le système anglais où chacun des six siéges dans les voitures de 1re classe est divisé en 3 stalles, et en admettant 6 bancs à 5 places sur les chars de 2e classe, chaque voyageur de 1re classe représente $\frac{1}{6}$ de la tonne de marchandise, et chacun de ceux de 2e classe $\frac{1}{10}$. Le prix par voyageur serait donc pour chaque kilomètre 1 c. $\frac{2}{3}$ pour la 1re classe, et 1 pour la 2e, ce qui, pour l'espace total

de 200 kilomètres, ou 5o lieues, produirait 3 f. 33 c. pour les voitures
de 1° classe, et 2 f. pour celles de 2°.

Mais comme on peut sans injustice admettre que les prix soient
triplés pour ce qui concerne les voyageurs, ce qui porterait les prix du
voyage à 10 f. pour les voitures de 1° classe, et à 6 f. pour celles de 2°,
il en résulterait, pour la compagnie qui exploiterait le chemin, un
bénéfice net au delà des intérêts à 5. p. $\frac{o}{o}$ de 6 f. 66 c. par voyageur de
1re classe, et de 4 f. par voyageur de 2°.

Admettons un nombre total de voyageurs de 240,000 par an, ce qui
suppose un départ moyen de chaque extrémité de la ligne de 333 par
jour, qu'il y ait autant de waggons de 1re classe que de 2°, il y
aura 90,000 voyageurs de 1re classe, et 150,000 de 2°. Les 90,000 de 1re
classe à 6 f. 66 c. produiront. . . . . 600,000 f.
les 150,000 de 2° à 4 f. produiront également . . 600,000

Total de bénéfice. 1,200,000

Ce qui doublerait déjà l'intérêt à 5 p. $\frac{o}{o}$ du capital des actions.

Indépendamment de ces transports par les voitures à grande vitesse, il
y aurait encore pour les communications entre localités peu éloignées
d'autres voitures à la suite des convois de 4 lieues à l'heure sur lesquels
les prix pourraient être un peu moindres, et qui augmenteraient encore
beaucoup les bénéfices.

Toutes les circonstances présentées dans cet aperçu seraient au-
dessous de la réalité pour peu qu'une ligne de chemin de fer fût
avantageusement située, sous le rapport commercial; il y a des lieux
où le tonnage des marchandises et le nombre des voyageurs seraient
doubles, et alors il est facile de calculer jusqu'où pourraient s'élever les
bénéfices.

L'hypothèse d'une pente de 2 millimètres de chaque côté d'un point
de partage est beaucoup plus que la moyenne que l'on aurait en
suivant de grandes vallées, telles par exemple que celle du Rhône et
de la Saône, d'une part, et d'autre part de la Seine, pour établir la
grande ligne de communication de la Méditerranée à la Manche. La
pente la plus générale est au-dessous de $\frac{1}{2}$ millimètre, il n'y a que le

passage de la grande chaîne de montagnes qui offre des pentes de 6 millim. 5, mais sur une si faible longueur comparée à la ligne totale, qu'il n'en résulterait pas un accroissement sensible dans la dépense, répartie sur toute la ligne; en prenant le sens le plus défavorable, qui est allant de Paris à Lyon, on aurait une montée de 19 kilomètres sur une pente de 6 millimètres $\frac{1}{4}$, ce qui, pour la vitesse de 4 lieues, produirait une augmentation sur les frais de la ligne horizontale de 2^c 8. par tonne et kilomètre, ou de 53^c pour la totalité du passage.

Pour les convois à grande vitesse, l'augmentation des frais comparés à ceux de la ligne horizontale, serait de 5 ^{c}. 3 par tonne et kilomètre, ou de 1 fr. 00 c. pour la totalité du passage, la moyenne de l'augmentation ne serait donc pas de 0 fr. 80 qui, répartie sur la totalité de la ligne, de plus de 1,000 kilomètres, n'est pas égale à $\frac{1}{10}$ de centime par tonne et par kilomètre.

Ainsi, sur une ligne semblable, on pourrait, avec certitude de bénéfice considérable, au-delà de l'intérêt de 5 p. $\frac{o}{o}$, établir les tarifs ainsi qu'il suit :

0 fr. 4 c. Par tonne et par kilomètre pour les marchandises avec vitesse de 4 lieues à l'heure.

0, 10. Par tonne et par kilomètre pour les marchandises avec vitesse de 8 lieues.

0, 05. Par place de voyageur de 1re classe.

0, 03 c. Par place de voyageur de 2e classe.

On pourrait, sur ces bases, établir une ou plusieurs moyennes pour les vitesses intermédiaires; on pourrait aussi faire le classement par nature de marchandises comme il a lieu sur les canaux.

DEUXIÈME APPLICATION DU TABLEAU.

Déterminer les pentes les plus avantageuses pour franchir une hauteur donnée, autrement dites pentes normales.

Il n'existe aucune pente qui puisse être la plus avantageuse dans toutes les hypothèses de vitesses et de moteurs; mais il y a pour chaque vitesse,

(23)

et en raison des prix de chaque moteur, de la dépense d'entretien du chemin, et de l'intérêt des capitaux employés à sa construction, et même du genre de machine employé, une pente sur laquelle la dépense totale de traction sera la moindre possible pour atteindre le niveau fixé; et comme on ne peut pas exécuter un chemin pour chaque vitesse, il faudra, selon les circonstances, adopter la pente la plus convenable pour la principale destination du chemin.

Pour mettre à même de déterminer le choix de cette pente, j'ai pensé que le mieux serait d'offrir, dans un nouveau tableau (p. 49), l'indication des dépenses totales nécessaires pour atteindre une hauteur donnée selon les vitesses et les pentes. J'ai supposé la hauteur à monter de 10 mètres, et après avoir calculé selon les variations de la pente, par demi-millimètre, les longueurs que devrait avoir le chemin, pour s'élever à cette hauteur de 10 mètres, j'ai présenté d'un côté les frais de traction, par tonne et par kilomètre, déduits du tableau général, augmentés d'une somme de 0 fr. 03 c. pour intérêt du capital et entretien du chemin, et multipliant ces nombres par les espaces à parcourir, j'ai obtenu les dépenses totales qui seraient nécessaires pour s'élever, dans cha-que hypothèse, à la hauteur donnée de 10 mètres. Les nombres les moins élevés dans chacune des colonnes de cette partie du tableau, et qui sont marqués d'un astérisque, correspondent aux pentes sur lesquelles aurait lieu la moindre dépense, c'est-à-dire aux pentes normales.

On voit que pour la vitesse de 4 lieues à l'heure la pente la plus avantageuse serait de 0^{m}016 millimètres; qu'elle serait de 11 millimè-tres pour la vitesse de cinq lieues en employant la même machine; de 8 1/2 pour la vitesse de six lieues, de 6 pour la vitesse de sept lieues, de 4 1/2 pour la vitesse de huit lieues, et cela, toujours dans la supposition de l'emploi d'une machine commune; mais qu'en employant une machine spéciale pour la vitesse de huit lieues, cette pente, la plus avantageuse, revient à 0^{m}08 millimètres.

Au milieu de ces pentes différentes, chacune convenable à une vitesse déterminée, ne pouvant en adopter qu'une seule pour le tracé d'un che-min, on verra que celle qui apporterait le moins de différence dans les prix des deux extrêmes serait une pente d'un centimètre, qui est précisément celle qui avait été désignée comme maximum dans les premières instructions du Conseil des ponts et chaussées, et également celle qui existe au chemin de Liverpool à Manchester ; elle augmenterait les frais d'un dixième pour la vitesse de quatre lieues, et d'un dixième également pour la vitesse de huit lieues. Ce serait donc là réellement la pente normale pour un chemin où les transports devraient s'exécuter avec les deux vitesses : elle serait la plus avantageuse pour le cas d'une vitesse de six lieues, en employant une machine spécialement disposée pour cela.

Si au lieu de s'élever simplement sur un plateau on doit descendre ensuite du côté opposé, ainsi que cela aurait lieu pour le passage d'un contrefort, on voit que ce serait une raison pour augmenter encore la pente normale, puisque la descente qui doit avoir lieu sur le revers, bien que s'opérant sans effort, ne se fait pas néanmoins sans dépense, et que cette dépense est d'autant plus grande que la pente du chemin étant plus douce ce chemin a plus de longueur.

On peut encore se demander si, dans le cas où, au lieu de partir du pied de la rampe, que l'on a considéré comme un point de départ obligé, on voulait commencer à monter de plus loin pour arriver au même point du sommet, il n'y aurait pas un grand avantage à le faire ; cette question se résoudra facilement par un exemple :

Soit, comme on le suppose au tableau, la hauteur à monter de 10^m, suivant la pente normale d'un centimètre, la longueur du trajet sera de 1,000 mètres, et la dépense pour la vitesse de quatre lieues, ayant $c + s = 15$, sera de 9 c. 9, et de 16 c. 50 pour la vitesse de huit lieues.

Supposant que l'on commence à monter à 1,000 mètres plus loin, la longueur de la rampe sera alors 2,000 mètres, et la pente seulement 0^m005 ; la dépense sera alors, en ayant $c + s = 10$:

pour la vitesse de 4 lieues, ... 13^f82

et pour celle de 8 lieues. . . . . 18^f44

et comme la dépense de la partie horizontale aurait été ;

pour la vitesse de 4 lieues 4,74

et pour celle de 8 lieues. 5,43

(25)

il reste pour dépense déterminée par la montée :

    pour la vitesse de 4 lieues. . . . .   9 ,08 au lieu de 9,90
    et pour la vitesse de 8 lieues. . . . . . .   13 ,86 au lieu de 18,44

Si au lieu de commencer à 1,000 mètres, on s'élève à partir de 9,000, ce qui donne une longueur totale de rampe de 10,000 mètres et une pente de 1 millimètre, la dépense sera alors, $c + s$ étant $= 6$,

    pour la vitesse de 4 lieues. . . . . . . $10 \times 5,13 = 51,3$
    et pour celle de 8 lieues. . . . . $10 \times 6,04 = 60,40$

Retranchant la dépense qui aurait eu lieu horizontalement sur les 9,000 mètres, savoir :

    pour la vitesse de 4 lieues. . . . . . . $9 \times 4,74 = 42,66$
    et pour celle de 8 lieues. . . . . $9 \times 5,43 = 48,87$

il reste pour dépense déterminée par la montée :

    pour la vitesse de 4 lieues   8,65
    et pour la vitesse de 8 lieues.   11,53

d'où l'on voit que la dépense résultant de la montée diminue d'autant plus qu'on commence à monter de plus loin, mais dans une faible proportion, surtout pour la moindre vitesse; de telle sorte que, pour cette vitesse de 4 lieues, on pourrait, sous le rapport de la dépense de traction, considérer comme indifférent le point à partir duquel on commencerait à s'élever.

Cela, bien entendu, est dit sous le rapport théorique, et pour la comparaison des forces; car dans la pratique, il y aura toujours beaucoup de considérations, qui s'ajouteront à la moindre dépense, pour faire adopter dans les montées les pentes les plus douces, en les prenant du plus loin que cela sera possible, lorsqu'on pourra ainsi les obtenir au-dessous de 2 millimètres par mètre.

Une question qui dérive de celle que nous examinons, est de savoir dans quelles circonstances une ligne de chemin de fer qui, suivant le fond d'une vallée, rencontrera un contrefort très-saillant, aura plus

4*

(26)

d'avantage à le contourner, à le percer ou à le franchir par la pente normale d'un centimètre; supposons que ce contrefort ait une hauteur de 60 mètres, et considérons les transports avec une vitesse de 8 lieues à l'heure; la dépense à faire pour s'élever au-dessus du contrefort serait, par la pente normale, de $0^f,99^c$ par tonne, en parcourant une longueur de rampe de 6,000 mètres; il y aurait ensuite à descendre une pareille longueur avec le frein pour laquelle la machine ordinaire fera à peu près la même dépense que sur le chemin horizontal, $= 6 \times 5,43 = 32,58$. La dépense pour monter et descendre sera donc pour chaque tonne 1 fr. 32 c. On ne comprend pas encore dans cette dépense le retour à vide des forces supplémentaires qui auront été nécessaires pour élever sur le plateau la partie du convoi que la machine primitive n'aurait pas la force de monter.

Pour savoir dans quel cas il serait plus avantageux de contourner, il faut diviser cette somme par le prix du transport d'une tonne à 1 kilomètre sur le chemin horizontal $= 0,05,43$, et l'on obtient pour quotient 24,3; d'où il suit que si le développement du contrefort n'a pas plus de 24,000 mètres de longueur, il sera plus avantageux de faire ce développement que de franchir les 60 mètres de hauteur.

Pour connaître dans quel cas il serait plus avantageux de faire un percement, partant toujours de la supposition que la circulation annuelle est de 300,000 tonnes, la dépense occasionée pour chaque tonne par le passage du contrefort étant de 1 fr. 32 c., elle sera de 396,000 fr. chaque année, pour le passage des 300,000 tonnes, d'où il suit que si la construction d'un souterrain et des tranchées qui l'accompagnent ne devait pas coûter plus de 7,920,000 fr., il vaudrait mieux l'exécuter, que de s'élever sur le contrefort ou que de le contourner, puisqu'au moins en payant le même prix on abrégerait la durée du trajet. Et il y aura d'autant plus lieu de se déterminer à l'exécution de ces travaux, qu'il y aura plus d'espoir de voir s'accroître le mouvement commercial sur le chemin que l'on exécutera.

Dans les calculs précédens, nous n'avons considéré que la vitesse de huit lieues à l'heure; si l'on en fait de semblables pour la vitesse de quatre

lieues, on trouvera que l'avantage de contourner ne s'étendrait que jusqu'au point où le développement du contrefort serait de la longueur
de 20,000 mètres, et que l'avantage du percement n'aurait lieu qu'autant que la dépense n'excéderait pas 5 millions 600 mille francs, et
adoptant un terme qui serait à peu près moyen, on peut dire que chaque hauteur de 10 mètres à franchir, pour la descendre ensuite, équivaut à une dépense de 1,200,000 fr., ou à une augmentation de chemin
de la longueur de 3,700 mètres. (Ces calculs sont faits en supposant
l'emploi des machines spéciales.)

TROISIÈME APPLICATION DU TABLEAU DE LOCOMOTION.

*Comparaison de deux tracés, l'un suivant les sinuosités d'une vallée,
par une ligne de pente uniforme, l'autre suivant une ligne plus
courte, en admettant des contre-pentes.*

On peut induire, de ce qui a été dit dans l'article précédent, qu'il
doit y avoir désavantage à admettre des contre-pentes dans le tracé d'un
chemin, mais les calculs de cet article sont purement théoriques, supposent que les montées seront franchies selon les pentes normales, et ne
comprennent pas les longueurs de ces montées comme faisant partie du
chemin à parcourir : ils supposent également que pour franchir ces
montées, on aura les moteurs supplémentaires disposés de la manière
la plus avantageuse pour traîner le poids total des convois; ces suppositions trouveront dans la pratique de nombreuses modifications; lorsqu'il
y a de fréquens changemens dans les pentes, et que celles-ci sont peu
considérables, on ne peut pas recourir souvent à des moteurs supplémentaires, il faut donc, si l'on veut se rendre un compte exact de ce
qui se passe dans le parcours d'un chemin de cette nature, suivre dans
toute sa longueur un convoi de poids déterminé, et calculer les frais de
traction d'après le temps de service des machines qui seront nécessaires
pour en opérer le transport.

Je supposerai qu'après avoir parcouru, pendant une grande longueur,
une vallée de pente uniforme, en descendant de demi-millimètre par
mètre, un convoi de soixante-une tonnes qui serait (waggons compris) le

(28)

poids traîné sur cette pente par la machine admise pour base de nos calculs (en la supposant spécialement construite pour la vitesse de huit lieues à l'heure), arrive au pied d'une contre-pente, après laquelle se succéderont d'autres montées ou descentes, et des parties horizontales; suivant qu'elles vont être indiquées ci-après, sur une longueur totale de 72,540 mètres, et je vais chercher à connaître quels seront les frais de traction sur toute cette ligne, ajoutant 3 cent. à chaque article du tableau, pour intérêts et entretien.

Indication du profil.

LONGUEURS			PENTES		HAUTEURS	
en montant.	horizontales.	en descendant.	en montant.	en descendant.	des descentes.	des montées.
18,600			m. 0,0035			m. 65,10
3,900			06		m. 8,25	2,94
		3,300		m. 0,0015		
2,740			23			6,53
		1,460		30	4,38	
		9,560		34	32,50	
	5,090					
4,190			10			4,19
		6,360		10	6,36	
		4,020		085	3,42	
	2,240					
		9,780		35	34,23	
30,530	7,630	34,480			99,14	68,76

Pour calculer les frais de traction sur ces données, deux hypothèses peuvent être admises : on voit qu'il y a nécessité de changer la machine, ce que je ne considérerai pas comme un inconvénient, puisqu'après une longue course elle peut avoir besoin d'être visitée; on aura donc à examiner si l'on veut, dans la position indiquée, employer pour faire le trajet des 72,500 mètres des machines spéciales pour la vitesse de 8 lieues à l'heure, ou se servir de machines communes.

Dans le 1.er cas, il faudra, pour traîner le convoi de 61 tonnes, deux machines, plus fortes même qu'on ne les a supposées pour la formation du tableau, puisque l'on voit que sur la pente de o^m,0035, une ma-

chine ne pourrait traîner que 26 t. 8 au lieu de 30 1⁄2 qui seraient
la moitié du convoi. Ces deux machines conduiront le convoi à la distance
de 30,000 mètres, sans que l'on puisse y diminuer la consommation du
charbon; les frais de traction seront donc pour les 30 kilomètres, comme
ils seront en commençant, selon que le tableau l'indique pour $(c+s=85c.)$
de 0,0797 c. par tonne et par kilomètre, et pour les 30 id. 2 f. 392.
Sur tout le reste du trajet, les deux machines devront toujours marcher
avec le convoi, vu qu'elles seront toutes deux nécessaires pour reprendre
le convoi de retour, mais leur consommation de charbon sera moindre;
on l'a évaluée à 5 f. par heure pour tout l'effort de la machine, on
pourra ne la compter que pour 1 f. lorsque le convoi descendra, et sur
les lignes horizontales; mais tous les autres frais restent les mêmes. La
diminution de 4 f. sera le 7ᵉ du prix de l'heure de travail de la machine pour cette vitesse; il faudra donc diminuer le 7ᵉ de 4 c. 97, prix
indiqué au tableau, pour $(c + s) = 85$, ou 0 f. 00 c. 71, ce qui
portera le prix du transport dans la descente à 0 f. 07 c. 26 et pour les
42,500 m. à. . . . . , ... 3 f. 085

Le prix total pour chaque tonne sera ainsi. . . . . 5 f. 477

Divisant ce prix total par celui du transport qui serait exécuté avec
la même vitesse suivant la pente de la vallée, lequel est de 0f.0514,
on a pour quotient le nombre 106,560, qui indique la longueur du
chemin que le convoi pourrait faire au même prix dans la plaine.

Il est à observer que dans ce qui précède, on suppose que le prix de
l'exécution du chemin sera le même, dans les deux cas; mais, s'il en était
autrement, si pour s'élever dans les montagnes il fallait, par d'énormes
tranchées ou remblais, augmenter de moitié la dépense, il y aurait alors
à ajouter, dans l'hypothèse de la ligne ondulée, 1 c. par tonne et kilomètre ou 0 f. 73 c. pour la totalité du trajet, et le nombre de 106, 56
se trouverait élevé à 120.

Si maintenant nous examinons l'hypothèse de l'emploi d'une seule machine, disposée pour donner son maximum d'effet, avec vitesse de 4 lieues à
l'heure, nous trouverons qu'elle conduirait difficilement seule le convoi de

6i tonnes avec cette vitesse de 4 lieues sur la première partie de 18,600 mètres de longueur, dont la pente est 0,0035 et la durée du trajet, pour parcourir cette longueur, serait. . . . . 1 h. 164

La partie suivante de 4900 mètres montant avec pente de 0,0006, pourra être parcourue avec vitesse de 5 lieues à l'heure, c'est-à-dire en . . . . o h. 255

La 3ᵉ partie, descendant à o m. 0025, sur une longueur de 3,300 mètres, pourra être parcourue en . . . . o h. 116
à raison de 8 lieues à l'heure.

La 4ᵉ partie de 2,840 m. de longueur, montant à 00023, sera parcourue en . . . . o h. 180
à raison de 4 lieues à l'heure.

Les 11,020 m. descendant avec pente de o m. 0030, et 0,0034, et les 9,780 descendant avec pente de o, 0035, seront parcourus en . . . . o h. 650
à raison de huit lieues à l'heure.

Les deux parties horizontales de 7,330 m., les deux parties montant, l'une de 1 millimètre, et l'autre descendant de la même quantité, et la partie de 4,020 m. descendant à o m. 0085, le tout formant une longueur de 22,100 m. seront parcourues en. . . . . o h. 917
à raison de 6 lieues à l'heure.

La durée totale du trajet sera donc. . . . . 3 h. 28
et la vitesse moyenne 5 lieues 1/2 à l'heure.

Le convoi aurait pu parcourir 105 mille mètres dans la plaine pendant le même espace de temps, en continuant à marcher avec sa vitesse de huit lieues; ainsi, en employant deux machines de même force, le convoi arriverait aussi promptement par la ligne de pente uniforme, lors même que le trajet serait de moitié plus long.

QUATRIÈME APPLICATION DU TABLEAU.

Comparaison des frais de transport, soit par le moyen des chemins de fer, soit par les voies de navigation.

Les premiers chemins de fer n'ont été établis, et n'ont été employés pendant un bien grand nombre d'années, que pour le transport des charbons de terre et pour celui des terres elles-mêmes, dans les grands travaux de terrassement, et par conséquent pour les objets de la plus médiocre valeur; le hasard seul a même fait découvrir, à une époque encore peu éloignée, l'avantage que l'on peut retirer de ces chemins, pour transporter avec une incroyable rapidité les voyageurs et les marchandises de grand prix; et voilà qu'oubliant la première origine de ces chemins, on semble maintenant ne les considérer que comme propres seulement à ces transports de voyageurs ou de marchandises précieuses; et comme les compagnies qui ont obtenu les concessions du petit nombre de chemins de cette nature qui soient encore connus en France, les ont eues avec le privilége de tarifs qui seraient exorbitans, en les considérant par rapport aux marchandises communes, on en conclut que pour ces marchandises communes les chemins de fer ne sauraient en aucun cas soutenir la concurrence contre les voies de transport économiques, telles notamment que les voies de navigation. Il y a là une erreur immense que je crois très-important de rectifier, pour que les chemins de fer puissent être envisagés sous leur véritable point de vue, et leur utilité démontrée. Je dis, leur utilité démontrée; car si les chemins de fer ne devaient point avoir les résultats que je leur attribue, s'ils ne devaient pas vivifier toutes les industries, activer la circulation des marchandises les plus communes, faire naître même un grand nombre d'exploitations et de productions nouvelles par l'effet du bas prix des transports, je ne craindrais pas de dire que ces chemins seraient plutôt nuisibles qu'utiles; et prenant pour exemple le chemin de Saint-Étienne à Lyon, de quelle utilité serait-il s'il n'avait pas établi avec le canal de Givors une concurrence qui a fait baisser de beaucoup le prix du transport des houilles? Je vois en cela accroissement de l'exploitation des houilles, accroissement des fabrications, accroissement de la richesse publique; mais quant aux voyageurs, qui paient sur le chemin de fer à peu près le même prix que par les anciennes messageries (que le chemin de fer a détruites), je ne vois pas quel bien il en résulte.

L'établissement de tout chemin de fer, et principalement des grandes lignes, doit avoir nécessairement un mal pour premier résultat; si on leur conteste le pouvoir d'entrer en concurrence avec les voies de navigation, on leur accorde du moins une grande supériorité sur le roulage; alors de leur seule existence résulte l'anéantissement du roulage et des messageries, et comme il est une immense quantité de villages, de bourgs, et même de petites villes, qui ne vivent que des industries alimentées par le roulage et par les messageries de toute espèce, il doit résulter de l'établissement des chemins de fer une énorme perturbation dans toutes ces industries, lorsque surtout les lignes des chemins de fer s'écarteront des routes suivies pour les transports par voie de terre. Pour que le gouvernement et les chambres législatives accordent leur protection à l'introduction de ce système, il faut donc que le bien qui en résultera pour la société, pour l'état, surpasse le mal que je viens de décrire; il faut, pour que la loi autorise les concessionnaires d'un chemin de fer, à bouleverser un nombre immense de propriétés particulières, qu'il y ait *utilité publique*. Or, quelle utilité si grande de procurer à quelques voyageurs l'avantage de se transporter plus rapidement aux lieux de leur destination, ou de faire baisser d'un liard ou deux par livre le prix du sucre et du café? Non, je le répète, il n'y aura d'utilité réelle, il n'y aura nécessité de faire le mal que j'ai dépeint, que si les marchandises de toute nature, et celles-là principalement qui par leur poids et leur bas prix ne sont pas à même actuellement de suivre les voies accélérées, peuvent participer à l'avantage de l'établissement des chemins de fer

Il faut pour cela que ces chemins puissent suppléer aux voies de navigation, si longues et si fréquemment entravées par les sécheresses, les orages, les glaces, les débordemens, si fréquentes en accidens, avaries ou naufrages, et bien souvent encore si dispendieuses que beaucoup de richesses du sol demeurent sans exploitation.

Et qu'on ne dise pas qu'en voulant donner aux chemins de fer les transports qui se font actuellement par les voies de navigation, j'ajouterai un nouveau mal au mal que j'ai décrit plus haut; car pour que les chemins de fer puissent suppléer les voies navigables, il faut qu'ils les accompagnent et qu'ils restent à leurs niveaux; il n'y aura ainsi que déplacement momentané et non point destruction d'industrie, et ces faibles inconvéniens se trouveront amplement compensés par un immense développement de la circulation et d'industrie nouvelle. Ajoutez que pour tout le transport de marchandises qui aurait lieu par ces chemins, il faudrait un matériel considérable; et l'on conçoit tout l'avantage que le gouvernement pourrait en tirer dans des cas extraordinaires, tandis que pour ne mener que quelques voyageurs, ce matériel serait si peu de chose qu'il n'offrirait au gouvernement que de bien médiocres ressources. Pour que les chemins de fer puissent ainsi transporter les marchandises de toute nature, une seule chose est nécessaire, c'est que les tarifs sur ces chemins, pour les marchandises communes, n'excèdent pas les prix actuels des transports par voies navigables ; car si, avec les mêmes prix, on procure l'avantage d'une vitesse de quatre lieues à l'heure, exempte de toutes les chances qui dépendent de l'influence des saisons ou de la température, alors on peut être certain que les chemins de fer ainsi établis seront le seul moyen de transport.

J'ai dit plus haut que l'opinion généralement répandue sur l'impossibilité d'atteindre au but que je viens d'indiquer était le résultat d'une erreur : cette erreur provient, d'une part, de ce que l'on ne s'est pas rendu compte de la position défavorable dans laquelle ont été placés les premiers chemins construits en France, et d'autre part, de ce que dans la formation des tarifs on n'a fait aucune distinction, ni pour la vitesse des transports, ni pour les sortes de marchandises. On admet, à cet égard, dans les tarifs à l'usage des canaux, un grand nombre de classes différentes; je les demanderais beaucoup moins nombreuses pour les chemins de fer, mais je voudrais que l'on n'y fît payer que le droit le plus modique, au-delà des déboursés, aux productions qui, sans cela, resteraient sans circulation.

Il ne serait rien , de cette manière , qui ne pût être transporté sur les chemins de fer plus avantageusement que par toute autre voie possible.

Pour reconnaître cette vérité, il suffit de jeter les yeux sur le tableau de locomotion.

Je suppose que l'utilité d'un chemin de fer aura été reconnue, et sa construction arrêtée; je le suppose, en un mot, existant dans une vallée, et suivant, ainsi que le cours de la rivière, une ligne que l'on pourra regarder comme horizontale; la question, en cet état, se réduit à savoir si la compagnie qui aura l'exploitation du chemin pourra y effectuer les transports des marchandises, quelles qu'elles soient, aux mêmes prix que sur les voies navigables, et pour cela, sans s'inquiéter de ce qu'aura coûté le chemin, ni de l'intérêt des capitaux; on doit considérer seulement les déboursés à faire, pour calculer le minimum des tarifs qui pourraient être admis ; or , si l'on cherche dans le tableau, pour la vitesse de 4 lieues à l'heure, quels sont les frais de traction sur le chemin de niveau, que je suppose indiqué sur la ligne $c+s=5$ millièmes, attribuant ainsi cette valeur de 5 millièmes au coefficient du frottement, et ne tenant, pour le moment, aucun compte de l'amélioration que l'on doit espérer par le perfectionnement des waggons. On voit que ces frais ne s'éleveraient qu'à 1 centime 3/4 par tonne et par kilomètre, et ajoutant à ce prix celui de 3/4 de centime pour les frais d'entretien qui se trouveraient augmentés par le transport de ces marchandises , on voit que les déboursés seraient au plus de 2 centimes $\frac{1}{2}$ par tonne et par kilomètre, et qu'en portant le tarif pour la marchandise de bas prix au taux de 3 centimes $\frac{1}{2}$, on aurait déjà, par la grande quantité des transports de cette nature, un bénéfice considérable , qui viendrait augmenter celui que procureraient les voyageurs et les marchandises précieuses, par l'effet d'un tarif plus élevé.

Au taux de 3 centimes et demi et même de 4 centimes, pour des marchandises qui seraient transportées avec vitesse de 4 lieues à l'heure, il n'est pas de concurrence possible. Les prix de transport de Paris au Hâvre ou du Hâvre à Paris (en supposant le chemin au niveau de la vallée), n'excéderaient pas 10 fr. par tonne., et jamais par les voies navigables on n'atteindrait ce résultat (a).

Sur la rivière de Saône, dont le bassin semble si beau, les frais de navigation s'élèvent à 5 centimes pour la descente et à six centimes pour la remonte, et l'on court toutes les chances de pertes par les retards et les avaries; le chemin de fer, au taux de 5 centimes, ferait entièrement les transports.

Un mouvement considérable a lieu entre Châlon et Lyon, pour le transport des voyageurs. Quatre bateaux à vapeur, qui se font concurrence, partent chaque matin de chacune de ces deux villes, le temps moyen de la descente est de 8 heures et celui de la remonte de 16. Le prix moyen des places est de 3 fr., et l'opinion commune est qu'il serait impossible d'opérer ces transports d'une manière plus économique; il n'est pas inutile d'examiner ici quels seraient dans cette situation et sous le rapport des voyageurs les résultats du chemin fer.

En ne considérant d'abord que la vitesse de 4 lieues à l'heure, qui conduirait les voyageurs aussi rapidement pour la descente que les bateaux à vapeur actuels, et deux fois plus promptement pour la montée, les frais de traction par tonne, sur le chemin, que l'on peut considérer comme étant parfaitement de niveau dans les deux sens (la pente n'est pas plus de $\frac{1}{10}$ de millimètre), seraient, y compris si l'on veut 1 centime pour frais d'entretien, 2 centimes $\frac{3}{4}$; les voyageurs étant partagés en 2 classes, ainsi qu'on l'a décrit plus haut, chaque voyageur équivaudrait, pour les frais, à la huitième partie d'une tonne; les déboursés pour chacun d'eux ne seraient donc que le tiers d'un centime par kilomètre, et comme la longueur totale du trajet par le chemin de fer serait de 120 kilomèt.; le total des déboursés serait de 0 fr. 40 c. On pourrait donc sans perte exécuter les transports des voyageurs entre Châlon et Lyon au prix moyen de 0 fr. 50 c. au lieu du prix de 3 fr. qui a lieu par les bateaux à vapeur.

Si au lieu de la vitesse de 4 lieues à l'heure, on établit le calcul sur la vitesse de 8 lieues, qui serait la plus convenable, la dépense ne serait aug-

______

(a) Les prix moyens actuels sont de 30 fr. en montant et 20 fr. en descendant, non compris assurances du $\frac{1}{4}$ pour 100.

mentée que d'un tiers, et l'on pourrait avec bénéfice effectuer les transports au prix moyen de 1 fr. par personne, et le voyage entier, pour aller et revenir, serait effectué en 8 heures au lieu de 24.

Que l'on juge après cela s'il y aurait possibilité de concurrence. Non-seulement le chemin de fer aurait tous les voyageurs qui vont actuellement par les bateaux à vapeur, mais il en aurait un nombre bien plus grand. Il faut actuellement, soit pour aller, soit pour revenir, s'embarquer à 2 heures, ou 3 heures du matin, il faut coucher dans le voyage; par le chemin de fer, au contraire, on pourrait, partant le matin de l'une des deux villes, passer 5 à 6 heures dans l'autre, et revenir coucher chez soi; avec de telles facilités, et le bas prix des transports, on peut être certain que le nombre des voyageurs serait au moins double.

Chaque machine locomotive faisant deux fois le trajet dans la journée, il n'en faudrait que deux pour conduire tous les voyageurs que portent journellement les huit bateaux à vapeur de la Saône : on ne doit pas s'étonner, dès-lors, qu'il puisse y avoir économie.

En maintenant les prix moyens à 3 fr. (ou 2 centimes $\frac{1}{2}$ par kilomètre), pour la vitesse de huit lieues à l'heure, le seul transport des voyageurs entre Châlon et Lyon suffirait pour payer l'intérêt de la construction du chemin de fer.

CINQUIÈME APPLICATION DU TABLEAU.

Examen des causes de non succès de quelques entreprises connues.

Après l'exposé que je viens d'offrir des avantages que l'on doit attendre d'un chemin de fer, avec de bas tarifs, on se demande comment il se peut que des compagnies auxquelles il a été accordé des concessions, avec des tarifs élevés, n'obtiennent que de faibles produits.

Observons en premier lieu que je suis loin de prétendre que, même en suivant les vallées de faible pente, il puisse être établi partout avantageusement des chemins de fer; je regarde au contraire ces positions comme rares, et privilégiées, par le concours de circonstances que je ne veux pas énumérer ici; on se les représentera d'ailleurs facilement, d'après l'examen qui va suivre.

Je parlerai d'abord du chemin de Lyon à Andrézieux par Sant-Étienne, et en y considérant la montagne d'environ 300 mètres de hauteur, en partant de Rive-de-Gier, et y appliquant le principe énoncé à la fin de l'article relatif aux pentes normales, je trouve que s'il y avait eu possibilité d'éviter cette montagne, et que le point de Saint-Étienne n'eût pas été un passage obligé, en supposant d'ailleurs les transports les mêmes, dans les deux sens, il aurait été plus avantageux que l'on eût suivi une ligne horizontale plus longue de 120 kilomètres, ou que l'on eût fait en percemens ou tranchées une dépense de 36 millions.

Mais, dira-t-on, il n'y a presque pas de transport de Lyon à Andrézieux, ils se font tous en descendant de Saint-Étienne à Lyon ou de Saint-Etienne à Andrézieux; l'existence de la hauteur de Saint-Etienne ne doit donc pas être considérée comme étant une cause de perte.

Ce raisonnement serait juste si les waggons ne pesaient rien; mais pour deux tonnes de marchandises qui descendent, il y a une tonne de waggons à remonter, et si l'on prend dans le tableau la moitié des frais de traction pour les pentes qui existent entre Givors et Saint-Étienne, on trouvera qu'elle serait, pour la 1re partie, de 2.3. et de 5^c. 2. pour la 2e en supposant la vitesse de 4 lieues, et que si l'on ajoute à cela la dépense d'entretien pour la montée et la descente, et la dépense de la descente, supposée comme horizontale, on trouve que la moyenne des frais s'élève à 7.$\frac{1}{7}$ par tonne, et par kilomètre pour la marchandise descendue, et comme la dépense d'établissement du chemin a été extrêmement considérable, le tarif de 0 fr. 10 c. par tonne et par kilomètre ne peut produire pour les capitaux qu'un intérêt très-faible.

Près du chemin précédent, on voit celui de Saint-Étienne à Roanne dont la longueur est d'environ 68,000 mètres; il traverse une montagne dont la hauteur est de 200 mètres; en y appliquant le principe précité, on verra que les frais de traction devraient être moins dispendieux sur un chemin deux fois et demie plus long qui aurait été maintenu au niveau du fond de la vallée; il n'y a d'ailleurs actuellement qu'un transport peu considérable; et la dépense obligée pour le passage de la montagne laisse à la navigation de la Loire un avantage marqué toutes les fois que les eaux sont à la hauteur convenable. Il n'y a donc encore rien d'étonnant à ce que ce chemin ne rende que des intérêts médiocres; je parlerai encore ici d'un autre chemin, de celui qui est assez généralement réputé en France comme chemin-modèle, du chemin de Liverpool à Manchester.

Ce chemin a, dans son cours, une hauteur à franchir, qui est d'environ 25 mètres; en appliquant le même principe, on voit qu'il y aurait un avantage à alonger le trajet de 10,000 mètres, pour éviter cette montée, ou mieux encore à y dépenser en tranchées et souterrains une somme de 3 millions, pour y établir une ligne horizontale. Il est à présumer qu'on aurait pu le faire avec cette somme ; mais quand la dépense devrait encore être deux fois plus grande, je dis qu'il serait toujours avantageux de la faire; car, non-seulement, on diminuerait les frais de traction calculés pour le passage de cette hauteur; mais, comme il n'existerait plus sur ce chemin que des pentes d'un millimètre, on aurait la faculté d'y établir des machines spéciales pour la plus grande vitesse, et de leur faire remorquer des convois doubles de ceux qu'elles conduisent actuellement; on pourrait ainsi baisser les tarifs des transports, et faire cesser la concurrence du canal voisin de ce chemin qui, malgré ses tarifs élevés, n'est profitable aux actionnaires que par le grand nombre de voyageurs. On doit conclure de ces exemples que l'économie des transports dépend essentiellement de la manière dont le chemin est tracé, et de la douceur des pentes qui y existent, et que l'on doit faire les plus grands sacrifices pour éviter toutes contre-pentes.

SIXIÈME APPLICATION DU TABLEAU DE LOCOMOTION.

Considérations générales sur l'établissement de la grande ligne de communication entre les villes du Hâvre et de Marseille.

Lorsque le gouvernement a présenté le projet de loi pour obtenir les 500,000 fr. destinés aux études des chemins de fer, sa demande était formulée : *pour des études de chemins de fer, et spécialement d'une ligne de Marseille au Hâvre.* La presse avait retenti de l'importance de cette grande ligne, qui seule peut résoudre le problème de la jonction de la Méditerranée à la Manche, c'est-à-dire y rendre en même temps facile et avantageux pour les marchandises le transit d'une mer à l'autre en passant par l'intérieur de la France; en vain dans l'état actuel du commerce y a-t-il, par le moyen des rivières et canaux, communication entre ces mers, la jonction n'est que nominale, et je ne crois pas qu'il soit encore passé par cette voie une seule tonne de marchandises expédiée soit du Hâvre pour Marseille, soit de Marseille pour le Hâvre. Cependant, il suffit de jeter les yeux sur la carte d'Europe pour reconnaître combien il serait important que cette communication pût avoir lieu, soit pour le transit total d'une mer à l'autre; soit pour apporter les marchandises aux entrepôts de Paris, ou pour établir les communications du Hâvre et de Marseille avec l'intérieur de l'Allemagne, par des embranchemens dirigés sur Strasbourg et Mulhausen, des vallées de la Seine et de la Saône; l'importance de ce transit se trouve encore immensément augmentée par ce fait, désormais constant, qu'un chemin de fer va être établi de Suez à la Méditerranée; et qu'ainsi les marchandises les plus précieuses des Indes, transportées sur la mer Rouge par bâtimens à vapeur, et de la mer Rouge à Alexandrie, viendront sillonner la Méditerranée, où le besoin de charbon les conduit de toute nécessité dans une des îles Baléares (a); qu'on se les représente à ce point, que l'on calcule la dépense qu'elles auront encore à supporter par cette navigation à vapeur pour se rendre de là en Angleterre, la durée et le danger de cette navigation en suivant le développement des côtes de toute la Péninsule, et que l'on juge si, trouvant entre Marseille et le Hâvre un moyen de transport rapide, économique et sûr, les propriétaires de ces précieuses cargaisons ne viendraient pas avec empressement y réclamer le transit.

(a) Le mouvement commercial entre les Indes et le nord de l'Europe est d'environ 1,200,000 tonnes chaque année; on estime que les $\frac{3}{4}$ continueront à suivre la route du Cap de Bonne-Espérance; et que 300,000 tonnes prendront la voie de la mer Rouge et de la Méditerranée.

En vain, dira-t-on que l'esprit national des Anglais s'opposerait à l'adoption de ce système; l'intérêt est le premier guide en affaires; et le transit se ferait par la France comme par l'Égypte s'il diminuait les dépenses qui auraient lieu d'autre manière, pour transport, assurances, et intérêts des capitaux de la valeur des marchandises; l'isthme de Marseille au Hâvre serait là suite de l'isthme de Suez. Nous voyons d'ailleurs heureusement s'éloigner rapidement ces préventions, que de longues guerres avaient semées entre deux peuples faits pour s'estimer et s'aider, et le transit dont nous parlons serait un moyen de plus de cimenter une union désirée maintenant des deux parts.

Ces considérations présentées au commencement de 1833 semblaient avoir frappé l'attention du gouvernement, et l'énencé de son projet de loi en fournissait pour ainsi dire la preuve: c'était spécialement pour l'étude de ce grand projet qu'il demendait des fonds; ce devait donc être le premier à examiner, il devait l'être dans son ensemble, car de la mauvaise disposition d'une des parties peut dépendre le non succès du tout; malheureusement les regards de l'administration semblent se détourner maintenant de ce but primitif, et n'avoir plus en vue que de faciliter aux voyageurs l'accès de la capitale.

Les projets qu'elle vient de présenter, tendent à concéder à une compagnie le monopole des transports sur la ligne importante comprise entre Paris et le Hâvre, avec des tarifs si élevés qu'ils rendraient impossible la réalisation du transit, dont on paraît ainsi avoir perdu l'espoir, lorsqu'on peut dire que cette question si importante a été à peine effleurée.

Je dis que les tarifs proposés seraient exorbitans, considérés sous le rapport des besoins du commerce; mais comme les projets sont faits en admettant beaucoup de pentes pour n'abréger que de très-peu le chemin; et comme le choix de cette direction nécessite des travaux extrêmement dispendieux, à tel point que le prix d'une lieue de ces chemins est de moitié plus élevé que dans la plaine, et attendu que renonçant au transport des marchandises, qui maintenant suivent les voies navigables, on n'aurait qu'un faible tonnage, sur lequel devrait se répartir tout l'intérêt des capitaux, le tarif proposé ne serait peut-être pas encore très-utile à la compagnie.

Mais que l'on veuille, en suivant les principes développés dans cet écrit, chercher les lignes horizontales pour l'établissement du tracé, ce dont la facilité a déjà été démontrée dans le mémoire remis à ce sujet à M. le Directeur général, le 19 juin 1833 : que l'on se rapproche des points où se fait actuellement le commerce, pour en recevoir tous les produits, alors il y aura un énorme tonnage sur lequel pourra se faire la répartition des intérêts du capital; les frais de traction sur le chemin de niveau seront réduits à leur minimum, et le tarif qui à 15 centimes serait peut-être peu productif, réduit à 5, ou même à 4 pour les marchandises de bas prix, pourrait offrir aux compagnies des bénéfices beaucoup plus grands; alors, mais alors seulement pourrait se réaliser la jonction si désirée des mers.

Pour que cette jonction pût avoir lieu sans entraves, il semblerait encore nécessaire que le projet fût présenté aux spéculateurs, tel que d'abord il l'avait été à la Chambre, c'est-à-dire dans son ensemble, *ligne du Hâvre à Marseille*, qu'il n'y eût pour l'exploiter qu'une seule administration; car on concevra facilement que si un convoi de bâtimens se présente au port de Marseille, incertain s'il continuera sa route par mer pour se rendre dans le nord de l'Europe, ou s'il demandera le transit, il faut que le directeur de Marseille puisse traiter pour la destination du Hâvre; que les ordres qu'il donnera, pour des cas extraordinaires, puissent être exécutés partout. Ce serait en un mot de l'ensemble parfait de l'entreprise que pourrait naître son succès.

Pour se faire une idée des probabilités de réussite d'une pareille entreprise, si le projet suivait les vallées, il faut se représenter que, dans ce cas, le tracé de Marseille au Hâvre s'approcherait presque partout de la ligne horizontale; qu'en admettant pour les marchandises la vitesse de quatre lieues à l'heure, les frais de traction, y compris dépenses d'entretien, n'y seraient pas plus de 2 centimes et 1/2, ou au maximum 3 cent. (a). Qu'en admettant le tarif de 4, ainsi que cela serait possible,

____

(a) Ces frais seraient encore réduits d'un centime, si l'on obtient du nouveau système de pour les marchandises communes, le prix du transport de la tonne, du Hâvre à Marseille ou de Marseille au Hâvre, ne s'éleverait qu'à 44 fr.; que ce prix est de beaucoup inférieur à celui des transports par mer, et surtout à celui des transports au moyen de la navigation à vapeur, auquel il faut ajouter les assurances et intérêts d'argent pendant la durée du trajet; que ce trajet aurait lieu en cinq jours par la voie de terre, tandis qu'il dure souvent plus de deux mois par la voie de mer ordinaire; que les tarifs pourraient être plus élevés pour les marchandises précieuses; que pour le seul commerce intérieur le tonnage moyen serait de plus de 300,000 tonnes; que le nombre de voyageurs, qui s'est si prodigieusement augmenté entre Châlon et Lyon depuis l'établissement des bateaux à vapeur, aurait partout nécessairement un accroissement proportionnel, lorsqu'à des facilités encore plus grandes se joindrait une moindre dépense; enfin, qu'en admettant pour le tarif les bases que nous avons indiquées, il y aurait presque certitude d'un produit de plus de 10 p. 0/0, sans rien compter du transit que l'on peut espérer des marchandises qui viendront de l'Inde, dès que le passage sera ouvert; que dès-lors le gouvernement, en se chargeant de garantir un intérêt de 4, avec réserve de la faculté de baisser les tarifs lorsque le produit monterait à 10, n'aurait rien à débourser, trouverait immédiatement tous les fonds nécessaires à l'exécution de la ligne entière, et assurerait, en même temps, les intérêts de l'industrie, et ceux bien entendu de l'État. Mais ce résultat ne s'obtiendra, je dois encore le répéter, qu'autant que le tracé du chemin sera établi dans la vallée, en évitant les contre-pentes autant que cela sera possible.

---

waggons pour la vitesse de 4 lieues à l'heure, les résultats qu'il a déjà offerts, ou les ⅓ seulement de l'avantage qui a été reconnu dans les épreuves que l'on n'a pu faire encore qu'avec une très-faible vitesse (3).

Si de plus, il était permis, ce qui je crois n'aurait aucun inconvénient, de porter à 8 atmosphères la pression ou de la vapeur dans les cylindres (1), ou si, par le moyen indiqué (2), on pouvait employer la vapeur avec expansion, les frais de traction, proprement dits, calculés pour le chemin de niveau, ne seraient pas d'un demi-centime par kilomètre et par tonne; c'est dans la prévision de ces résultats, qui doivent avoir lieu, avant peu, que l'on doit envisager l'effet que produiront les chemins de fer, et l'on doit même prévoir encore que les dépenses de la machine évaluées à 24 fr. par heure pour la vitesse moyenne de 6 lieues, éprouveront une grande réduction.

TABLEAU DE LOCOMOTION SUR LES CHEMINS DE FER.

Première partie. — Emploi des chevaux.

Cheval marchant avec un effort de 50 kilogrammes. Vitesse, 1 lieue à l'heure; travail, 9 heures. Prix, 4 fr. 50 c. — **Cheval marchant avec un effort de 40 kilogrammes. Vitesse, 2 lieues; travail, 4 heures. Prix, 5 fr.**

Nombre de chevaux nécessaires pour traîner un convoi de 50 tonnes.	Poids total traîné par un cheval	Poids net.	Nombre de tonnes transportées par la journée du cheval à 1 kilomètre de distance.	Frais de traction par tonne et kilomèt.	Sommes du coefficient des frottemens et du sinus d'inclinaison des rails exprimées en décimales de l'unité.	Nombre de chevaux nécessaire pour traîner un convoi de 50 tonnes	Poids total traîné par un cheval.	Poids net.	Nombre de tonnes transportées par la journée du cheval à 1 kilomètre de distance.	Frais de traction par tonne et kilomèt.
		t.	ton.	f. c.	mill.		t.	t.	ton.	fr. c.
.	100	66,7	2,400	0,19	0,000,0					
1	50	33,3	1,200	0,38	0,5	0,63	80	53	1,696	0,30
1,5	33,3	22,2	800	0,56	1,0	1,25	40	26,5	848	0,59
2	25	16,7	600	0,75	1,5	1,88	26,7	17,8	569	0,88
2,5	20	13,3	480	0,94	2,0	2,50	20	13,3	427	1,16
3	16,7	11,1	400	1,02	2,5	3,13	16	10,7	341	1,47
3,5	14,3	9,5	343	1,30	3,0	3,75	13,3	8,9	285	1,78
4	12,5	8,3	300	1,50	3,5	4,38	11,4	7,6	244	2,10
4,5	11,1	7,4	267	1,68	4,0	5,00	10	6,7	213	2,40
5	10,0	6,7	240	1,87	4,5	5,63	8,9	5,9	190	2,60
5,5	9,1	6,1	218	2,06	5,0	6,25	8	5,3	171	2,90
6	8,3	5,5	200	2,25	5,5	6,88	7,3	4,8	155	3,16
6,5	7,7	5,1	184	2,45	6,0	7,50	6,7	4,4	142	3,52
7	7,1	4,8	171	2,63	6,5	8,13	6,3	4,1	131	3,81
7,5	6,7	4,4	160	2,81	7,0	8,75	5,7	3,8	122	4,10
8	6,2	4,2	150	3,00	7,5	9,38	5,3	3,6	114	4,38
8,5	5,9	3,9	141	3,19	8,0	10,00	5	3,3	106	4,71
9	5,6	3,7	133	3,38	8,5	10,63	4,7	3,1	100	5,00
9,5	5,3	3,5	126	3,57	9,0	11,25	4,4	3,0	95	5,26
10	4,0	3,3	120	3,75	9,5	11,88	4,2	2,8	90	5,50
12	3,2	2,8	100	4,50	10,0	12,50	4,0	2,7	85	5,88
14	3,6	2,4	86	5,17	12	15,00	3,3	2,2	71	7,04
16	3,1	2,1	75	6,00	14	17,50	2,9	1,9	61	8,20
18	2,8	1,8	66	6,80	16	20,0	2,5	1,7	53	9,43
20	2,5	1,7	60	7,50	18	22,5	2,2	1,5	47	10,63
22	2,3	1,5	55	8,18	20	25,0	2,0	1,3	43	11,63
24	2,1	1,4	50	9,00	22	27,5	1,8	1,2	39	12,82
26	1,9	1,3	46	9,78	24	30,0	1,7	1,1	36	14,00
28	1,8	1,2	43	10,50	26	32,5	1,5	1,0	33	15,15
30	1,7	1,1	40	11,25	28	35,0	1,4	0,95	31	16,20
32	1,6	1,04	37	12,16	30	37,5	1,3	0,9	29	17,15
34	1,5	0,98	35	12,86	32	40,0	1,2	0,85	27	18,50
36	1,4	0,93	33	13,51	34	42,50	1,15	0,8	25	19,80
38	1,3	0,88	32	14,19	36	45,0	1,10	0,75	24	21,00
40	1,25	0,83	30	15,00	38	47,5	1,05	0,70	22	22,32
42	1,2	0,79	28,6	15,73	40	50,0	1,00	0,67	21,5	23,36
44	1,15	0,76	27,4	16,42	42	52,50	0,95	0,64	20,5	24,40
46	1,10	0,72	26,2	17,17	44	55,0	0,90	0,61	19,5	25,60
48	1,05	0,69	25,0	18,00	46	57,50	0,85	0,58	18,5	26,90
50	1	0,67	24	18,75	48	60,0	0,83	0,55	17,5	28,40
52	0,95	0,64	23	19,48	50	62,50	0,80	0,53	17,0	29,40
54	0,90	0,62	22,3	20,00	52	65,0	0,77	0,51	16,5	30,70
					54	67,50	0,74	0,50	16,0	31,25

TABLEAU DE LOCOMOTION SUR LES CHEMINS DE FER.

Deuxième partie. — *Emploi des chevaux.*

Cheval marchant avec un effort de 30 kilogrammes, vitesse, 3 lieues à l'heure ; travail 2 heures ⅓. Prix : 5 fr. 50 c. par jour. — Cheval marchant avec un effort de 20 kilogrammes. Vitesse, 4 lieues à l'heure, travail 1 heure ½. Prix, 6 fr. par jour.

NOMBRE de chevaux nécessaires pour traîner un convoi de 50 tonnes	POIDS total traîné par un cheval. (ton.)	POIDS net.	NOMBRE de tonnes transportées dans la journée du cheval à 1 kilomèt. de distance. (ton.)	FRAIS de traction par tonne et kilomètre. (f. c.)	SOMMES du coefficient des frottemens et du sinus d'inclinaison des rails exprimées en décimales de l'unité. (mill. 0,000,0)	NOMBRES de chevaux nécessaires pour traîner un convoi de 50 tonnes.	POIDS total traîné par un cheval. (ton.)	POIDS net.	NOMBRE de tonnes transportées dans la journée du cheval à 1 kilomèt. de distance. (ton.)	FRAIS de traction par tonne et kilomètre. (f. c.)
«	60	40	1,120	0,00,05	0,5	1	40	26,50	640	000,9
1	30	20	560	1,00	1,0	2	20	13,25	320	1,9
2	20	13,33	373	1,50	1,5	3	13,33	8,89	213	2,8
3	15	10	280	2,00	2,0	5	10	6,67	160	3,7
4	12,40	8,26	231	2,40	2,5	6	8,26	5,34	128	4,6
5	10	6,67	198	2,75	3,0	7	6,67	4,44	107	5,6
5	8,57	5,71	160	3,40	3,5	8	5,71	3,81	91	6,6
6	7,50	5	140	3,90	4,0	10	5	3,33	80	7,5
7	6,67	4,44	124	4,60	4,5	11	4,44	2,97	71	8,5
8	6	4	110	5,00	5,0	12	4	2,67	64	9,4
9	5,45	3,62	101	5,50	5,5	13	3,62	2,42	58	10,3
10	5	3,33	93	5,90	6,0	15	3,33	2,22	53	11,3
10	4,62	3,08	86	6,40	6,5	16	3,08	2,06	49	12,3
11	4,29	2,86	80	6,90	7,0	17	2,86	1,91	45	13,3
12	4	2,67	75	7,30	7,5	18	2,67	1,78	42	14,2
13	3,75	2,50	70	7,90	8,0	20	2,50	1,67	40	15
14	3,53	2,36	66	8,30	8,5	21	2,36	1,57	38	15,8
15	3,33	2,22	62	8,90	9,0	22	2,22	1,48	36	16,7
15	3,16	2,10	59	9,30	9,5	23	2,10	1,40	34	17,6
16	3	2	56	9,80	10	25	2	1,33	32	18,6
20	2,50	1,67	47	11,70	12	30	1,67	1,11	27	22,2
23	2,14	1,41	39	14,10	14	35	1,41	0,95	23	26
26	1,90	1,27	35	15,70	16	40	1,27	0,84	20	30
30	1,67	1,11	31	17,50	18	45	1,11	0,74	18	33,3
33	1,50	1	28	19,60	20	50	1	0,67	16	37,5
36	1,36	0,91	25	22,50	22	55	0,91	0,60	14	43
40	1,25	0,82	23	24,00	24	60	0,82	0,56	13	46
43	1,15	0,77	22	25,40	26	65	0,77	0,52	12	50
46	1,07	0,71	20	27,50	28	70	0,71	0,48	11,3	53,1
50	1	0,67	19	29,00	30	75	0,67	0,44	10,6	56,5
53	0,94	0,62	17,4	31,60	32	80	0,62	0,41	9,8	61
56	0,88	0,59	16,5	33,30	34	85	0,59	0,38	9,1	66
60	0,83	0,55	15,4	35,70	36	90	0,55	0,36	8,6	70
63	0,79	0,53	14,8	37,10	38	95	0,53	0,35	8,3	72,5
66	0,75	0,50	14	39,30	40	100	0,50	0,33	8	75
70	0,71	0,48	13,4	41	42	105	0,48	0,32	7,7	78
73	0,68	0,45	12,8	44	44	110	0,45	0,31	7,4	81
76	0,65	0,43	12,2	45,50	46	115	0,43	0,30	7,1	84
80	0,63	0,42	11,7	47	48	120	0,42	0,28	6,8	88
83	0,60	0,40	11,2	49	50	125	0,40	0,27	6,5	92
86	0,58	0,39	10,8	51	52	130	0,39	0,26	6,3	96
90	0,56	0,37	10,4	53	54	135	0,37	0,25	6	1,00

TABLEAU DE LOCOMOTION SUR LES CHEMINS DE FER. — Troisième partie.

Emploi d'une machine locomotive disposée de manière à produire sa plus grande quantité d'action, en parcourant quatre lieues à l'heure, la vapeur étant comprimée à 4 atmosphères.

Machine commune travaillant avec effort de 600 kilogrammes ; vitesse, 4 lieues à l'heure, au prix de 20 fr. par heure.					Sommes du coefficient des frottemens et du sinus d'inclinaison des rails exprimées en décimales de l'unité.	Machine commune travaillant avec effort de 440 kilogrammes ; vitesse, 5 lieues à l'heure, au prix de 22 fr. par heure.				
Poids du convoi y compris la machine.	Poids non compris la machine ni son char.	Poids net.	Nombre de tonnes transportées dans 1 heure à un kilomètre.	Frais de traction par tonne et kilomètre.		Poids du convoi y compris la machine.	Poids non compris la machine ni son char.	Poids net.	Nombre de tonnes transportées dans 1 heure à un kilomètre.	Frais de traction par tonne et kilomètre.
t			t.	fr. c.	mill.					fr. c.
				0,00,00	0,000,0					
1,200	1,188	792	12,672	0,00,16	0,5	880	868	579	11,580	0,00,20
600	588	392	6,272	32	1,0	440	428	275	5,500	40
400	388	259	4,144	48	1,5	293	281	187	3,740	60
300	288	192	3,072	65	2,0	220	208	139	2,780	80
240	228	152	2,432	83	2,5	176	164	109	2,180	1,00
200	188	125	2,000	1,00	3,0	147	135	90	1,800	1,20
171	159	106	1,696	1,18	3,5	126	114	76	1,516	1,42
150	138	92	1,472	1,36	4,0	110	98	65	1,306	1,69
133	121	80,7	1,291	1,55	4,5	98	86	57	1,144	1,93
120	108	72	1,152	1,74	5,0	88	76	53	1,054	2,15
109	97	65,7	1,051	1,90	5,5	80	68	45	906	2,40
100	88	58,7	939	2,13	6,0	73	61	41	818	2,68
92	80	53,3	853	2,34	6,5	68	56	37	742	2,95
86	74	49,3	789	2,53	7,0	64	52	35	692	3,20
80	68	45,3	725	2,76	7,5	59	47	31	623	3,54
75	63	41,	656	3,02	8,0	55	43	29	574	3,86
70,6	58,6	38,1	610	3,28	8,5	52	40	27	531	4,15
66,6	54,6	36,4	582	3,45	9,0	49	37	25	492	4,50
63	51,0	34,0	544	3,64	9,5	46	34	23	457	4,80
60	48,0	32,0	512	3,91	10,0	44	32	21	426	5,11
50	38,	25,3	405	4,93	12	37	25	17	331	6,70
42,6	30,6	20,4	326	6,10	14	31	19	13	259	8,40
36,4	24,4	16,3	261	7,70	16	27	15	10	207	10,50
33,0	21,0	14,0	224	8,90	18	24	12	8	165	13,70
30,	18,0	12,0	192	10,40	20	22	10	7	133	16,90
27,3	15,3	10,2	163	12,27	22	20	8	5	107	20,00
25,	13,0	8,7	139	14,39	24	18	6	4	84	26,20
23,1	11,1	7,4	118	17,00	26	17	5	3	65	34,00
21,4	9,4	6,4	102	19,6	28	16	4	2,5	49	45,
20,	8,0	5,3	85	23,5	30	15	3	2	36	61,
18,8	6,8	4,5	72	27,8	32	14	2	1,3	24	90,
17,6	5.6	3,7	59	34,0	34	13	1	0,6	13	1,70,
16,7	4,7	3,1	50	40,0	36	12	0	0,0	00	
15,8	3,8	2,5	40	50,0	38					
15,0	3,0	2,0	32	62,5	40					
14,3	2,3	1,5	24	83,0	42					
13,7	1,7	1,1	18	1,11	44					
13.0	1,0	0,7	11	1,82	46					
12,5	0,5	0,3	5	4,00	48					
12					50					
					52					
					54					

TABLEAU DE LOCOMOTION SUR LES CHEMINS DE FER.

Quatrième partie. — *Emploi d'une machine locomotive, disposée de manière à produire sa plus grande quantité d'action, en parcourant quatre lieues à l'heure, la vapeur étant alors comprimée à 4 atmosphères.*

Machine commune travaillant avec effort de 330 kilogrammes ; vitesse, 6 lieues à l'heure, au prix de 24 fr. par heure.					SOMMES du coefficient des frottemens et du sinus d'inclinaison des rails, exprimées en décimales de l'unité.	Machine commune travaillant avec effort de 250 kilogrammes ; vitesse, 7 lieues à l'heure, au prix de 26 fr. par heure.				
POIDS du convoi y compris la machine.	POIDS non compris la machine ni son char.	POIDS net.	NOMBRE de tonnes transportées dans 1 heure à un kilomètre.	FRAIS de traction par tonne et kilomètr.		POIDS du convoi y compris la machine.	POIDS non compris la machine ni son char.	POIDS net.	NOMBRE de tonnes transportées dans 1 heure à un kilomètre.	FRAIS de traction par tonne et kilomètre.
				fr. c.	mill.					fr. c.
				0,00,00	0,000,0					
660	648	432	10,368	0,23	0,5	500,0	488,0	325,3	9,108	0,00,28
330	318	212	5,088	0,47	1,0	250,0	238,0	158,7	4,444	59
220	298	138,70	3,336	0,72	1,5	166,7	154,7	103,1	2,887	98
165	153	102,00	2,448	0,98	2,0	125,0	113,0	75,3	2,108	1,24
132	120	80,00	1,920	1,25	2,5	100,0	88,0	58,7	1,644	1,58
110	98	65,30	1,567	1,53	3,0	83,3	71,3	47,5	1,330	1,96
94,3	82,3	54,87	1,318	1,82	3,5	71,4	56,4	39,6	1,109	2,34
82,5	70,5	47,00	1,128	2,12	4,0	62,5	50,5	33,7	944	2,75
73,3	61,3	40,87	982	2,45	4,5	55,5	43,5	29,0	812	3,21
66,0	54,0	36,00	864	2,80	5,0	50,0	38,0	25,3	708	3,67
60,0	48,0	32,00	768	3,12	5,5	45,5	33,5	22,3	624	4,17
55,0	43,0	28,67	689	3,18	6,0	41,7	29,8	19,8	554	4,69
50,8	38,8	25,87	622	3,87	6,5	38,5	26,5	17,7	496	5,24
47,1	35,1	23,40	562	4,28	7,0	35,7	23,7	15,8	442	5,88
44,0	32,9	21,33	511	4,70	7,5	33,3	21,3	14,2	398	6,53
41,2	29,2	19,47	468	5,10	8,0	31,3	19,3	12,9	361	7,20
38,8	26,8	17,57	430	5,60	8,5	29,4	17,4	11,6	325	8,00
36,7	24,7	16,47	406	5,90	9,0	27,8	15,8	10,5	294	8,84
34,7	22,7	15,13	362	6,70	9,5	26,3	14,3	9,5	266	9,77
33,0	21	14,00	336	7,10	10,0	24,0	13,0	8,7	226	10,50
27,5	15,5	10,33	247	9,70	12,0	20,8	8,8	5,9	165	15,76
23,6	11,6	7,73	186	12,60	14,0	17,9	5,9	3,9	109	23,85
20,6	8,6	5,73	137	17,10	16,0	15,6	3,6	2,4	67	38,80
18,3	6,3	4,20	101	24,00	18,0	13,9	1,9	1,3	36	72,00
16,5	4,5	3,00	72	33,00	20,0	12,5	0,5	0,3	8	3,20,00
15,	3,0	2,00	48	50,00	22,0	11,4	0,0	0,0		
13,8	1,8	1,2	29	80,00	24,0	10,4	0,0	0,0		
12,7	0,7	0,47	12	2,00,00	26,0	9,6	0,0	0,0		
					28,0					
					30,0					
					32,0					
					34,0					
					36,0					
					38,0					
					40,0					
					42,0					
					44,0					
					46,0					
					48,0					
					50,0					
					52,0					
					54,0					

TABLEAU DE LOCOMOTION SUR LES CHEMINS DE FER.
Cinquième partie.

Emploi d'une machine locomotive donnant son maximum d'effet par une vitesse de quatre lieues à l'heure. | *Emploi d'une machine de même force donnant son maximum d'effet par une vitesse de huit lieues à l'heure.*

Poids du convoi, y compris la machine	Poids non compris la machine ni son char.	Poids net.	Nombre de tonnes transportées dans 1 heure à un kilomètre.	Frais de traction par tonne et kilomètre	Sommes du coefficient des frottemens et du sinus d'inclinaison des rails exprimées en décimales de l'unité.	Poids du convoi, y compris la machine	Poids non compris la machine ni son char.	Poids net.	Nombre de tonnes transportées dans 1 heure à 1 kilomètre.	Frais de traction par tonne et kilomètre.
				fr. c.	mill.					fr. c.
				0,00,00	0,000,0					
400	388	259	8,288	8,34	0,5	660,0	648,8	432,0	13,824	0,00,20
200	188	125	4,000	0,70	1,0	330,0	318,0	212,0	6,784	0,41
163	141	81	2,592	1,08	1,5	220,0	208,0	138,70	4,438	0,63
186	88	59	1,888	1,48	2,0	165,0	153,0	102,0	3,264	0,85
60	68	45,3	1,450	1,93	2,5	132,0	120,0	80,0	2,560	1,10
56,7	54,7	36,5	1,168	2,40	3,0	110,0	98,0	65,30	2,090	1,34
57,0	45,	30,0	960	2,90	3,5	94,5	82,5	54,9	1,757	1,59
40,0	38,	25,3	810	3,45	4,0	82,5	70,5	47,0	1,504	1,87
44,5	32,5	21,7	694	4,04	4,5	73,5	61,3	40,9	1,309	2,14
30,	28,	18,7	598	4,60	5,0	66,0	54,0	36,0	1,152	2,43
36,4	24,4	16,3	522	5,4	5,5	80,5	48,5	32,3	1,034	2,72
33,3	21,3	14,2	454	6,2	6,0	55,0	43,0	28,7	918	3,04
30,8	18,8	12,6	403	7,0	6,5	50,7	38,7	25,9	829	3,37
28,6	16,6	11,1	355	7,9	7,0	47,2	35,2	23,4	740	3,73
26,7	14,7	9,8	318	8,8	7,5	44,0	32,0	21,3	682	4,10
25,	13,0	8,7	278	10,0	8,0	41,2	29,2	19,5	624	4,50
23,6	11,6	7,7	246	11,4	8,5	38,8	26,8	17,6	563	4,97
22,2	10,2	6,8	218	12,8	9,0	36,7	24,7	16,5	528	5,30
21,1	9,1	6,0	192	14,6	9,5	34,7	22,7	15,1	483	5,83
20,0	8,0	5,3	170	16,5	10,0	33,0	21,0	14,0	448	6,22
16,7	4,7	3,1	100	28,0	12,0	27,5	15,5	10,5	330	8,50
14,3	2,3	1,6	51	55,0	14,0	23,4	11,6	7,7	246	11,50
12,5	0,5	0,3	10	2,80,0	16,0	20,6	8,6	5,7	182	15,40
11,0	0,0	0,0	00		18,0	18,3	9,3	4,2	134	20,90
10,0	0,0	0,0	00		20,0	16,5	4,5	3,0	96	29,20
					22,0	15,0	3,0	2,0	64	43,70
					24,0	13,8	1,8	1,2	38	74,00
					26,0	12,7	0,9	0,5	16	1,70,00
					28,0	11,8	0,0	0,0	00	
					30,0					
					32,0					
					34,0					
					36,0					
					38,0					
					40,0					
					42,0					
					44,0					
					46,0					
					48,0					
					50,0					
					52,0					
					54,0					

RÉSUMÉ DU TABLEAU DE LA LOCOMOTION SUR LES CHEMINS DE FER.

Sixième partie. — *Valeur des frais de traction.*

VALEURS de C + S	En employant des chevaux.				En employant des machines locomotives — COMMUNES.					SPÉCIALES.
	Vitesse de 1 lieue par heure.	Vitesse de 2 lieues par heure.	Vitesse de 3 lieues par heure.	Vitesse de 4 lieues par heure.	Vitesse de 4 lieues par heure.	Vitesse de 5 lieues par heure.	Vitesse de 6 lieues par heure.	Vitesse de 7 lieues par heure.	Vitesse de 8 lieues par heure.	Vitesse de 8 lieues par heure.
mill. 0,000,0	f. c.	f. c.	f. c.	f. c.	f. c.	f. c.	f. c.	f. c.	f. c.	f. c.
0,5	0,00,19	0,00,30	0,00,50	0,00,90	0,00,16	0,00,20	0,00,23	0,00,28	0,00,34	0,00,20
1,0	38	39	1,0	1,9	32	40	47	59	0,70	41
1,5	56	88	1,5	2,8	48	60	72	98	1,08	63
2,0	75	1,16	2,0	3,7	65	80	98	1,24	1,48	85
2,5	94	1,47	2,4	4,6	83	1,00	1,25	1,58	1,93	1,10
3,0	1,02	1,78	2,75	5,6	1,00	1,20	1,53	1,96	2,40	1,34
3,5	1,30	2,10	3,40	6,6	1,18	1,42	1,82	2,34	2,90	1,59
4,0	1,50	2,40	3,90	7,5	1,36	1,69	2,12	2,75	3,45	1,87
4,5	1,68	2,60	4,60	8,5	1,55	1,93	2,45	3,21	4,04	2,14
5,0	1,87	2,90	5,00	9,4	1,76	2,15	2,80	3,67	4,60	2,43
5,5	2,06	3,16	5,50	10,3	1,90	2,40	3,12	4,17	5,40	2,72
6,0	2,25	3,52	5,90	11,3	2,13	2,68	3,48	4,69	6,20	3,04
6,5	2,45	3,81	6,40	12,3	2,34	2,95	3,87	5,24	7,0	3,37
7,0	2,63	4,10	6,90	13,3	2,53	3,20	4,28	5,88	7,9	3,73
7,5	2,81	4,38	7,30	14,2	2,76	3,54	4,70	6,53	8,8	4,10
8,0	3,00	4,71	7,90	16,0	3,02	3,86	5,10	7,20	10,0	4,50
8,5	3,19	5,00	8,30	15,8	3,28	4,15	5,60	8,00	11,4	4,97
9,0	3,38	5,26	8,90	16,7	3,45	4,50	5,90	8,84	12,8	5,30
9,5	3,57	5,50	9,30	17,6	3,64	4,80	6,70	9,77	14,6	5,83
10	3,75	5,88	9,80	18,6	3,91	5,11	7,10	10,50	16,5	6,22
12	4,50	7,04	11,70	22,2	4,93	6,70	9,70	15,76	28,0	8,50
14	5,17	8,20	14,10	26,0	6,10	8,40	12,60	23,85	55,0	11,50
16	6,00	9,43	15,70	30,0	7,70	10,50	17,10	38,80	2,80,0	15,40
18	6,80	10,63	17,50	33,3	8,90	13,70	24,00	72,00		20,90
20	7,50	11,63	19,60	37,5	10,40	16,90	33,00	3,20,00		29,20
22	8,18	12,82	22,50	43,0	12,26	20,00	50,00			43,70
24	9,00	14,00	24,00	46,0	14,36	26,20	80,00			74,00
26	9,78	15,15	25,40	50,0	17,00	34,00	2,00,00			1,70,00
28	10,50	16,20	27,50	53,1	19,6	45,00				
30	11,25	17,25	29,00	56,5	23,5	61,00				
32	12,16	18,50	31,60	61,0	27,8	90,00				
34	12,86	19,85	33,30	66,0	34,0	1,70,00				
36	13,51	21,00	35,70	70,0	40,0					
38	14,19	22,31	37,10	72,5	50,0					
40	15,00	23,36	39,30	75,0	62,5					
42	15,73	24,40	41,00	78,0	83,0					
44	16,42	25,60	44,00	81,0	1,11					
46	17,17	26,90	45,50	84,0	1,02					
48	18,00	28,40	47,00	88,0	4,00					
50	18,75	29,40	49,00	92,0						
52	19,48	30,70	51,00	96,0						
54	20,00	31,25	53,00	1,00,0						

TABLEAU DE LA LOCOMOTION SUR LES CHEMINS DE FER

Septième partie. — *Rédigée pour servir à la détermination des pentes normales.*

Frais de traction, entretien et intérêts par tonne et par kilomètre.						Pentes du chemin.	Longueur pour monter 10 mètres.	Coefficient total (c+s)	Frais de traction, intérêts et entretien pour la montée de 10 mètres.					
Vitesse de 4 lieues.	Vitesse de 5 lieues.	Vitesse de 6 lieues.	Vitesse de 7 lieues.	Vitesse de 8 lieues.	Vitesse de 8 lieues bis.				Vitesse de 4 lieues.	Vitesse de 5 lieues.	Vitesse de 6 lieues.	Vitesse de 7 lieues.	Vitesse de 8 lieues.	Vitesse de 8 lieues bis.
fr. c.	fr. c.	fr. c.	fr. c.	fr. c.	fr. c.	m. mil.	kil. m.	m. mil.	fr. c.	fr. c.	fr. c.	fr. c.	fr. c.	fr. c.
0,06,02	0 06.86	0,08,10	0,11,40	0,13,00	0,08,16	0,003	3,333	0,008	0,20	0,22,90	0,27,00	0,37,00	0,45,33	0,27,20
6,28	7,15	8,50	12,30	14,40	8,64	3,5	2,857	8,5	17,94	20,43	24,30	35,14	41,14	24,68
6,45	7,50	8,90	13,40	15,80	9,16	4	2,500	9	16,10	18,75	22,25	33,50	39,50	22,90
6,64	7,80	9,50	14,50	17,60	9,73	* 4,5	2,222	9,5	14,75	17,33	21,11	32,20	* 38,72	21,60
6,91	8,11	10,10	15,70	19,50	10,30	5	2,000	10	13,82	16,22	20,20	31,40	39,00	20,60
7,16	8,49	10,70	17,10	22,60	10,90	5,5	1,818	10,5	13,02	15,44	19,45	31,10	40,00	19,82
7,41	8,88	11,30	18,60	24,80	11,50	* 6	1,667	11	12,35	14,80	18,84	* 31,00	41,34	19,17
7,66	9,28	12,00	20,30	27,80	12,20	6,5	1,538	11,5	11,78	14,27	18,46	31,22	42,76	18,76
7,90	9,70	12,70	22,40	31,00	13,07	7	1,429	12	11,29	13,86	18,15	32,00	44,30	18,68
8,20	10,12	13,40	24,90	35,00	14,00	7,5	1,333	12,5	10,93	13,49	17,86	33,19	46,46	18,66
8,50	10,54	14,10	27,80	41,00	14,90	0 * 8	1,250	13	10,62	13,18	* 17,62	34,62	0 50,00	* 18,62
8,80	10,97	14,80	31,10	48,00	16,00	* 8,5	1,176	13,5	10,35	12,90	17,30	35,57	56,45	18,81
9,10	11,40	15,60	35,00	58,00	17,14	0 9	1,111	14	10,11	12,65	17,33	0 38,88	64,39	19,01
9,50	11,87	16,50	41,00	73,00	18,40	9,5	1,053	14,5	10	12,50	17,37	43,17	76,87	19,37
9,90	12,37	17,60	49,00	98,00	20,30	10	1,000	15	9,90	12,37	17,60	49,00	98,00	20,30
10,30	12,91	18,80	59,00	1,50,00	22,50	0 10,5	952	15,5	9,80	12,28	0 17,99	56,17		21,47
10,70	13,50	20,10	71,00		24,34	* 11	909	16	9,73	* 12,27	18,27	64,54		22,18
11,00	14,16	21,60	87,00		26,00	11,5	870	16,5	9,56	12,31	18,79	75,70		22,62
11,30	14,90	23,30	1,09,00		27,90	12	833	17	9,41	12,41	19,41	90,80		23,24
0,11,60	15,75	25,10	1,45,00		29,90	0 12,5	800	17,5	9,28	0,12,60	20,08	116,00		23,92
11,90	16,70	27,00			32,16	13	769	18	9,15	12,84	20,76			24,76
12,30	17,50	29,00			35,20	13,5	740	18,5	9,09	12,95	21,46			26,05
12,60	18,30	31,20			38,60	14	714	19	9	13,06	22,28			27,56
13,00	19,10	33,50			42,40	14,5	690	19,5	8,97	13,18	23,11			29,26
13,40	19,90	36,00			46,75	15	667	20	8,93	13,27	24,00			31,22
13,80	20,70	38,80			52,00	15,5	645	20,5	8,90	13,35	25,00			33,54
14,20	21,50	43,00			59,00	* 16	625	21	* 8,87	13,44	26,87			36,87
14,70	22,30	48,00			67,00	16,5	606	21,5	8,90	13,51	29,10			40,60
15,20	23,10	53,00			76,70	17	588	22	8,93	13,58	31,16			45,19
15,70	24,00	59,00				17,5	571	22,5	8,95	13,70	33,69			
16,30	25,30	66,00				18	555	23	9,04	14,04	36,67			

OBSERVATIONS.

Pour la formation de ce tableau, on a supposé le coefficient des frottemens = 0,005, et l'on a ajouté 3 centimes aux frais de traction indiqués dans le tableau précédent, par tonne et kilomètre, pour entretien et intérêts des capitaux.

Les pentes normales, c'est-à-dire celles avec lesquelles on pourrait s'élever avec la moindre dépense à une hauteur donnée, sont désignées par des astérisques correspondant à ceux placés près des nombres qui indiquent les moindres dépenses pour chacune des vitesses données, et sont 16, 11, 8, 5, 6 et 4, 5 pour l'emploi de la machine commune, et 8 millimètres pour l'emploi de la machine spéciale, avec la vitesse de 8 lieues. Si l'on voulait connaître les pentes normales pour les vitesses de 5, 6 et 7 lieues, en employant des machines spécialement faites pour ces vitesses, on les trouverait, par la seule configuration du tableau, être de 0m.,012mill.,10,5, et 9 millimètres, ainsi qu'elles sont indiquées par la disposition des zéros.

7*

NOTES.

⸺◦⸺

Première note.

On n'a fait les calculs des tableaux de locomotion, que dans la supposition d'une pression de 4 atmosp. ¼ dans la chaudière, parce que c'est une opinion assez généralement admise que les règlemens administratifs doivent interdire une pression plus élevée ; je ne suis pas éloigné de croire, cependant, que l'on reviendra de cette opinion, et que l'on permettra des pressions plus considérables ; et cela me paraîtrait d'autant plus convenable que dans le système des machines locomotives actuelles la surface de la chaudière ne reçoit plus le contact du feu, qui agit seulement dans un grand nombre de petits tuyaux, lesquels étant beaucoup plus minces, et recevant extérieurement l'action de la vapeur, doivent céder à la trop forte pression beaucoup plus tôt que la principale enveloppe, et la rupture d'un de ces petits tuyaux n'entraîne jamais d'accidens graves.

Pour faire juger de l'importance que pourrait présenter ce changement d'une simple clause des règlemens, je vais offrir la comparaison des effets utiles que l'on obtiendrait d'un même poids de vapeur employé dans la machine locomotive sous les pressions, à l'intérieur des cylindres de 4 atm. ¼ et de 8 atm., en supposant les machines disposées, dans les deux cas, de la manière la plus convenable pour utiliser les pressions. J'admettrai pour ce calcul, le coefficient de la dilatation $= 000,375$ par degré centigrade, et je supposerai les volumes, ainsi variés par la température, réduits en même temps en raison inverse des pressions.

La température pour 4 atm. ¼ étant de . . . . 147°

Et pour 8 atm.. 172

La différence sera 25

En raison de cet accroissement de la température, le volume primitif de la vapeur augmenterait de $25 \times 000,375 = 009,375$. Mais par l'effet de la pression, il serait réduit dans le rapport de 8 à 4 ¼ ; et nommant v le volume d'un certain de poids de vapeur à 4 atm. ¼, et v' celui du même poids de vapeur à 8 atm., on aura $v' = \times v \frac{425}{800} \times 1,09,375 = v \times 0,58$.

Pour employer le même poids de vapeur, sous ces différentes pressions, toutes choses étant d'ailleurs égales, il suffira de donner aux cylindres des diamètres tels que les sections soient entre elles dans le même rapport que celui qui a été trouvé ci-dessus pour les volumes. C'est-à-dire que l'on aura $D : D' :: 1 : \sqrt{0,58} :: 1 : 0,761$.

L'effet utile sera mesuré, dans chaque hypothèse, par les sections des cylindres multipliées par les pressions qui pourront agir utilement, ainsi qu'il a été indiqué dans le mémoire. Or, dans le premier cas, on a vu que la pression de 4 atm. 25, était réduite a 2 atm. 33, utilement employée pour produire les effets indiqués, et qu'il y avait dès lors 1 atm. 92 que l'on supposait employée pour vaincre, soit la pression atmosphérique, soit la contraction à la sortie, soit les résistances des frottemens; supposant ces pertes les mêmes (ce qui ne s'éloigne un peu de la vérité que pour la troisième sorte), et retranchant 1,92 de 8 atm. il restera 6 atm. 08 ou simplement 6 atm. pour la pression utilement employée; les effets utiles seront alors entre eux :: 1 × 2,33 : 0,58 × 6 ou :: 2,33 : 3,48 ou :: 1 : 1,5.

L'effet utile d'un kilogramme de charbon pour la pression de 8 atm. serait alors de soixante-douze dynamies, résultat encore bien inférieur à celui qui a été obtenu par M. Frimot, pour une machine travaillant sous la même pression sans expansion ni condensation; on doit donc regarder comme certain que l'on pourrait, par ce seul changement de la pression, augmenter de moitié l'effet utile des machines et réduire ainsi les frais de traction bien au-dessous de ce qu'ils sont indiqués dans les tableaux.

Deuxième note.

Je crois utile de faire connaître ici les dispositions qui me paraissent devoir être adoptées pour varier à volonté la vitesse des machines locomotives, sans changer celle des pistons, et d'examiner en même temps les objections qui seront nécessairement faites à ce système, comme à toute innovation; cet exposé déterminera peut-être quelques constructeurs de machines à en exécuter une avec les changemens que je propose.

Les cylindres seraient placés verticalement sur une plate-forme élevée au-dessus du niveau de la chaudière; les tiges des pistons communiqueraient le mouvement par des bielles à deux manivelles fixées à angle droit sur les extrémités d'un arbre placé à cinquante centimètres environ de distance de l'un des essieux.

Cet arbre solidement fixé par des boîtes adhérentes au châssis qui porte la machine, serait creux dans une partie de sa longueur, de manière à pouvoir y introduire une vis à filets quarrés d'environ trois centimètres de grosseur, comme la vis d'une clef anglaise; cet arbre aurait en outre deux fentes longitudinales dans lesquelles pourraient se placer deux peignes en acier, qui viendraient engrener dans les filets de la vis, formant saillie de huit à dix millimètres sur la face extérieure de l'arbre, que je suppose tourné et cylindrique.

Une pièce de fonte forée de manière à ce que l'arbre puisse y entrer hermétiquement, et ayant deux cannelures diposées pour recevoir les saillies des deux peignes, serait adaptée à cet arbre, de manière qu'en tournant la vis, par le moyen d'une clef qui traverserait l'ajustage d'une des manivelles, on peut faire mouvoir à volonté cette pièce de fonte sur la longueur de l'arbre; les peignes qui serviraient à conduire cette pièce, dans le moment de repos de la machine, serviraient, pendant son mouvement, à empêcher la pièce de tourner autour de l'arbre. Cette pièce de fonte porterait trois roues dentées, et l'essieu des roues de la machine en porterait trois autres; mais placées de manière qu'il ne pourrait jamais y en avoir qu'une seule d'engrenée avec celle de la pièce mobile.

On conçoit facilement que les proportions des engrenages peuvent être telles que, dans une position de la pièce mobile, l'essieu fera le même nombre de tours que l'arbre qui portera cette pièce; que dans une autre position, il en fera moitié en sus, et dans une autre enfin, le double. Ainsi, d'égalité de mouvement existant pour la vitesse de quatre lieues à l'heure, on obtiendra les vitesses de six et de huit lieues sans accélérer la marche des pistons , et la transition d'un mouvement à l'autre n'exigera que le temps de faire quelques tours avec une clef comme pour remonter une pendule , afin d'amener la pièce mobile dans une position qui sera déterminée par un indicateur extérieur, pour procurer la vitesse voulue.

Il serait difficile d'établir une plus grande variation dans les vitesses , mais trois degrés seront bien suffisans ; il n'y en aurait même que deux, que l'on trouverait déjà un avantage immense à ce changement.

Disposée comme on le propose, la machine serait *machine spéciale* pour chacune des trois vitesses.

Ajoutons que par-là on serait dispensé d'avoir des coudes dans les essieux , et que ces essieux , à double coude d'équerre , sont des pièces très-dispendieuses, et que l'on est obligé de renouveler fréquemment , surtout pour les machines qui travaillent avec grande vitesse.

On pourrait aussi avoir des bielles plus longues, et diminuer les pertes qui résultent de la décomposition des forces. On pourrait même donner une course plus longue aux pistons. Je crois de plus que cette disposition permettrait d'employer la vapeur avec expansion, pendant une partie de la course , et de produire , par-là , un plus grand effort de traction , sans augmenter le poids de l'eau vaporisée.

Enfin, dans les cylindres placés verticalement, la graisse se répartit également à la circonférence des pistons ; le graissage peut être dès lors moins fréquent et moins dispendieux , et les pertes de vapeur doivent être moins considérables.

Examinons maintenant quels peuvent être les inconvéniens de ce système.

Les engrenages , dira-t-on , seront promptement détruits , et exigeront dès lors une grande dépense d'entretien ; ne peut-on pas aussi en craindre la rupture ?

En observant le cas où l'effort de traction est le plus grand , celui de la vitesse de quatre lieues, cet effort devant être de 600 kil. à la circonférence de la roue , dont le développement est de 4 mètres , celui que recevront les dents des engrenages, dont je suppose le développement $1^m.50$, sera de 1600 kil. ; mais il est facile de donner à ces dents une largeur d'un décimètre , ce qui réduirait la charge à 160 kil. par centimètre de largeur. Cette pression est extrêmement modique, et ne peut pas faire craindre une détérioration rapide , et sur un diamètre semblable , et une largeur d'un décimètre , on peut donner aux dents une épaisseur suffisante pour que la rupture soit impossible (*a*).

On objectera également que ces engrenages occasioneront un frottement, la chose est inévitable ; mais la perte de force qui en résultera ne sera qu'une quantité infiniment petite mise en comparaison avec l'augmentation de puissance que la machine recevrait de cette modification.

(*a*) Il est bon d'observer aussi, qu'y ayant trois systèmes de roues dentées qui s'engreneraient deux à deux , la rupture qui mettrait l'une de ces roues hors de service n'empêcherait pas de faire marcher la machine, en changeant seulement sa vitesse, jusqu'au moment où l'on pourrait remplacer la pièce qui aurait été rompue; et si le service était monté de manière à employer ce genre de machines, il y aurait partout des pièces de rechange exactement de même modèle.

Troisième note.

Il n'y a rien de nouveau dans le principe sur lequel reposent les modifications qui ont été introduites dans la construction du waggon qui est maintenant soumis à l'examen de la commission de Saint-Etienne, et ce principe est facile à comprendre. La résistance d'un convoi, de tel poids qu'on veuille le supposer, porté sur des roues de chariots bien cylindriques, serait nulle, suivant la théorie, sur un chemin parfaitement de niveau, s'il n'existait pas de frottement; mais dans le mouvement des waggons, ces frottemens existent nécessairement; il y en a même de deux genres : le premier est celui qui a lieu sur les axes des roues dans les boîtes placées sur les châssis qui portent la marchandise; le second est l'effet du développement des roues sur la surface des rails; il est moins un frottement qu'une insensible pénétration des surfaces qui présente ainsi continuellement un angle à surmonter; c'est pourquoi ce genre de frottement est beaucoup moindre lorsque les surfaces sont plus dures.

Les auteurs anglais et allemands s'accordent à regarder ce dernier comme étant avec le premier dans un faible rapport. Gestner le considère comme étant seulement $\frac{1}{12}$ (1). Tridgold (2) juge que cette résistance est presque nulle quand le chemin est bien égal, bien poli et propre, *et que l'on peut, dans les recherches relatives au mouvement des voitures sur un chemin de fer, se borner à celles qui ont rapport à la résistance qui s'exerce sur l'essieu.*

Wood (3) conclut des diverses expériences, faites sur des chariots pris dans leur état ordinaire de service, que ce frottement du second genre doit être évalué, dans la pratique, à un millième du poids total; ainsi, en admettant que la somme des deux sortes de résistance est égale à cinq millièmes de ce poids, les frottemens sur les axes y entreraient pour quatre millièmes.

La détermination des frottemens du second genre et des variations qu'ils peuvent éprouver, en raison des différentes circonstances du mouvement, échappe aux calculs rigoureux; il en est autrement des premiers, c'est-à-dire des frottemens d'axe : ils sont, pour des surfaces égales en contact, une certaine fonction de la pression multipliée par la vitesse du glissement de ces surfaces.

Il suit de là que si, la pression demeurant la même ainsi que l'étendue des surfaces sur lesquelles la pression s'exerce, on pouvait obtenir que la vitesse du glissement de ces surfaces, l'une sur l'autre, ne fût que la huitième partie de ce qu'elle est dans les waggons ordinaires, la résistance due à ce genre de frottement serait diminuée des $\frac{7}{8}$, et la somme des deux, ou le coefficient total du frottement égal à 1 millième $\frac{1}{2}$; c'est ce qui arriverait, par exemple, s'il y avait possibilité d'employer des essieux qui seraient huit fois plus petits, ou des roues qui seraient huit fois plus grandes; mais cela ne pouvant pas se faire, on a dû chercher, par d'autres moyens, à parvenir au même but.

Gestner, professeur de mécanique en Bohême, ayant fait, à ce sujet, de nombreuses expériences, proposa l'usage du chariot qui devait, disait-il, produire ce résultat, et dont il présenta en 1809, à l'Académie de Prague, un modèle au douzième de grandeur naturelle, et concluait des résultats qu'il avait ainsi obtenus que, sur un chemin de niveau, un cheval attelé à des chariots construits dans ce système pourrait traîner 900 quintaux de Vienne (4), ce qui

(1) Traduction de M. Girard, p. 48.
(2) Traduction de M. Duverne, p. 79.
(3) Traduction de M. Montricher, p. 118.
(4) Traduction de M. Girard, p. 85.

équivaut à 5o tonnes, et trouvait , d'après cela, un avantage immense aux chemin de fer sur les canaux ; mais il fut lui-même bientôt chargé de la direction d'un chemin de fer, et ne parvint pas à y faire réussir en grand le système de ses chariots.

Des expériences analogues ont été faites en Amérique , et n'ont pas obtenu , dit-on , plus de succès ; enfin , nous voyons mentionné dans Wood (5) que MM. Vinau , Brandreth et Stephenzon ont également essayé d'appliquer le même principe , sans obtenir de bons effets. Doit-on , pour cela , désespérer d'atteindre au but indiqué par Gestner? Je suis loin de le penser , car les principes théoriques de l'amélioration projetée ne sauraient être contestés ; le succès dépend donc entièrement de l'ensemble des dispositions adoptées pour leur application , et le défaut de réussite provient nécessairement de ce que , par la complication du mécanisme, on a introduit des causes nouvelles de pertes de force, qui souvent ne sont pas aperçues, et qui détruisent les avantages des dispositions que la théorie conseillait ; or, on doit présumer que l'art peut parvenir à perfectionner l'exécution et à éviter les causes de non succès, dès l'instant où elles sont connues.

Je crois y être parvenu dans le waggon que j'ai fait construire , ainsi que je l'avais annoncé dans le mémoire que j'ai publié en janvier 1833 , pour le projet de chemin de Paris à Lyon, et du moins je regarde comme certain qu'il resterait maintenant bien peu de choses à y modifier.

Le waggon est exécuté en grand depuis plus de deux années; il est disposé de manière que la vitesse des surface sur laquelle le frottement s'exerce est la huitième partie de celle qui a lieu sur le waggon ordinaire. Ainsi, en admettant avec Wood 1 millième pour le frottement du second genre, et 4 millièmes pour celui des essieux, cette dernière quantité doit se réduire à $\frac{1}{2}$ millième; et ajoutant quelque chose pour le frottement du deuxième genre entre l'essieu et le cylindre supérieur, frottement dont la résistance ne peut qu'être bien faible, eu égard à son peu de vitesse, on voit que, dans ce waggon modifié, si d'autres causes ne viennent pas détruire les améliorations, la résistance totale ne doit être que le tiers de celle du waggon ordinaire ; or, c'est ce qui a été obtenu constamment dans un grand nombre d'expériences , telles qu'il m'a été possible de les faire, n'ayant point de chemin de fer à ma disposition. Le waggon a été éprouvé avec une charge de trois tonnes , mais sur une portion de chemin de douze mètres seulement de longueur ; on n'a pu, dès lors, le faire mouvoir qu'avec une vitesse très-faible, au moyen d'une petite corde enveloppée sur un arbre que faisait tourner un engrenage ; cette vitesse, que l'on s'efforçait de rendre uniforme autant que possible, a été le plus ordinairement d'environ un pouce par seconde, et les efforts ont été mesurés au dynamomètre.

Ce waggon est disposé de manière à présenter à volonté le système ordinaire, ou le système nouveau; les résultats comparés des épreuves multipliées ont toujours été , autant que les oscillations perpétuelles de l'aiguille ont pu permettre de le distinguer, que sur le chemin horizontal l'effort de traction nécessaire pour le waggon modifié n'était pas le tiers de celui qu'exigeait le waggon ordinaire, et en inclinant le chemin ; tandis que le waggon ordinaire ne pouvait descendre seul que sur la pente de 6 $\frac{1}{2}$ millimètres, le waggon modifié descendait sur celle de deux.

Il restait a constater si les mêmes résultats s'obtiendraient dans une marche rapide, et l'on allait s'occuper des dispositions nécessaires pour cette épreuve, au succès de laquelle sem-

---

(5 Traduction de M. Montricher, p. 127.

blait être attaché celui de l'entreprise que j'avais proposée pour le chemin de Paris à Lyon, lorsque parut le projet de loi par lequel le gouvernement demandait un crédit extraordinaire pour faire faire lui-même les études du chemin de fer. La compagnie qui s'occupait de celui de Paris à Lyon, ne voulant plus alors faire de dépenses nouvelles, je priai aussitôt M. le directeur général de vouloir bien faire faire authentiquement des épreuves sur mon waggon, et avec différentes vitesses, regardant que la détermination du coefficient des frottemens (que je crois pouvoir ainsi être réduit à 2 millièmes) est de la plus haute importance, et pour fixer les principes qui doivent guider dans le tracé de tous les chemins de fer, et même pour pouvoir juger de l'utilité de leurs projets, puisque la même force motrice pouvant traîner un poids trois fois plus grand sur les chemins de niveau, il y aurait possibilité d'abaisser beaucoup les tarifs, et d'appeler ainsi, sur les chemins de fer, une bien plus grande quantité de marchandises et de voyageurs.

Mon waggon a été, pour cet effet, envoyé à la commission chargée, à Saint-Étienne, des expériences prescrites par M. le directeur général pour tout ce qui a rapport aux chemins de fer; malheureusement cette commission n'a pas encore pu s'occuper des expériences sur le waggon.

Croyant avoir évité, en le construisant, les causes de non succès des waggons antérieurement construits sur des principes analogues, je ne vois aucune cause qui puisse empêcher la réussite de celui que j'ai présenté, du moins en l'employant avec la vitesse de quatre lieues à l'heure, ainsi qu'elle conviendrait pour les marchandises de bas prix ; et je demeure convaincu que, sur le chemin de niveau, le cheval pourra traîner au moins 25 tonnes, avec la vitesse d'une lieue (moitié de l'évaluation de Gestner) ou 20 tonnes avec la vitesse de deux lieues, et la machine locomotive en traîner au moins 240 avec la vitesse de quatre lieues. Les frais de traction ne seraient pas alors d'un centime par tonne et par kilomètre.

Je suis de plus convaincu, qu'outre l'économie résultant de la diminution de résistance, on en obtiendrait une autre considérable provenant de la suppression des difficultés du graissage pour le cas de la grande vitesse ; car, pour huit lieues à l'heure, les surfaces en contact, sous la pression de la charge, ne glisseraient l'une sur l'autre qu'avec la huitième partie de la vitesse, de sorte que le graissage n'exigerait pas plus de soin que pour un chariot ordinaire qui serait conduit au pas.

Au surplus, le waggon est là ; et l'on ne peut pas tarder long-temps à en connaître les résultats ; mais, lors même que la réussite ne serait pas encore complète au moment de la première épreuve, il n'est pas permis de douter qu'une amélioration, que la théorie nous présente, ne parvienne à se réaliser, et l'on doit projeter les chemins dans l'hypothèse qu'elle aura lieu.

LES CHEMINS DE FER

EN FRANCE.

Observations présentées au Conseil des Ponts et Chaussées, par M. ARNOLLET, ingénieur en chef chargé des études d'un projet de chemin de fer, sur la ligne de Paris à Lyon.

En réponse aux objections du rapport d'une commission concernant son mémoire intitulé : *Tableaux de la locomotion sur les chemins de fer.*

MESSIEURS,

Une idée que quelques-uns ont trouvée grande et possible à réaliser, mais que d'autres ont rangée dans la classe des utopies, a depuis bien long-temps préoccupé mon esprit : j'ai cru que les chemins de fer, que l'on semble ne considérer que comme devant servir à faire voyager quelques hommes et quelques marchandises précieuses un peu plus vite, mais presque au même prix que par les voies actuelles, devaient avoir de plus grands résultats, et que s'ils ne pouvaient pas atteindre un autre but, il n'y aurait pas de motifs suffisans pour opérer en leur faveur tant de bouleversement dans l'industrie et les propriétés ; mais j'ai cru que, par le perfectionnement des moteurs et le bon tracé des chemins, on parviendrait, non pas dans tous les lieux, mais sur des

1

points privilégiés par la nature de leur position, et qui seuls, à mon avis,
mériteraient que l'on y construisît des chemins de fer, à pouvoir établir ces chemins avec des tarifs tels, que le bas prix des transports
appelât dans la circulation des produits du sol et de l'industrie qui ne
trouvent pas en ce moment de débouchés, réunît par les liens du
commerce, et mît pour ainsi dire en contact des populations maintenant étrangères l'une à l'autre.

Appliquant plus spécialement ces idées aux lieux où j'ai reçu le jour,
j'ai cru que la vallée de la Saône pourrait voir exécuter un chemin de
fer qui, s'étendant d'une part au Havre et de l'autre à Marseille, établirait une jonction réelle entre la Méditerranée et la Manche, et
servirait, non-seulement au transport de toutes les marchandises qui
circulent actuellement dans cette vallée pour le commerce intérieur
de la France, mais encore de toutes celles qui sont l'objet du commerce
de Paris et d'une partie de l'Allemagne avec les ports français et étran-
gers de la Méditerranée, et qui passent actuellement par la basse Seine,
la Manche, l'Océan et le détroit de Gibraltar.

J'ai cru même, j'ai rêvé si l'on veut, que ce ne seraient pas seulement la Méditerranée et la Manche qui seraient ainsi réunies, mais que
le chemin de fer dont je parle deviendrait le prolongement de celui
dont l'exécution commence en ce moment en Égypte, pour le passage
de l'isthme de Suez; et qu'ainsi, par les deux isthmes de Suez et de
Marseille, il y aurait jonction réelle des grandes mers du Nord et des
Indes.

Ce rêve, je l'ai publié en janvier 1833, dans un écrit que vous avez
tous reçu, contenant l'exposé d'un projet pour un chemin de fer de
Paris à Lyon; je l'ai reproduit encore dans le travail manuscrit remis six
mois après à M. le directeur général, présentant un avant-projet pour
la totalité de la ligne entre Marseille et le Havre; il m'a suivi en Angleterre, et de tout ce que j'ai vu dans ce pays, de tout ce que j'y ai entendu de la bouche des ingénieurs, des constructeurs et des principaux
négocians, rien n'a été de nature à me faire croire que j'étais dans
l'erreur,

Revenu en France, j'ai examiné ce qui a lieu sur les chemins de fer qui y existent, je l'ai comparé à ce qui se fait chez nos voisins, et partout j'ai trouvé de nouveaux et puissans motifs pour confirmer mon opinion; mais, en même temps, j'ai cru apercevoir que la réussite d'un tel projet dépendrait essentiellement du système qui serait adopté pour le tracé même du chemin; car la question de savoir si un transit de la Méditerranée à la Manche, par l'intérieur de la France, sera préféré à la voie de la navigation maritime est une question d'argent, qui se réduit à comparer, d'une part, les frais réels de traction sur un chemin de fer, y compris les dépenses d'entretien et d'administration, en ce qu'elles résulteraient de l'augmentation de passage sur le chemin, lesdits frais joints au *minimum* du bénéfice dont une compagnie pourrait se contenter; et, d'autre part, les frais de navigation, soit ordinaire, soit à vapeur, joints à ceux d'assurances de pertes ou avaries, et à l'intérêt du capital de la valeur des marchandises pendant l'excédant de la durée du transport par les voies maritimes, sur le transport par les chemins de fer; considérations auxquelles s'ajoutent encore celle de l avantage que trouve le négociant dans la facilité de renouveler plus fréquemment ses opérations, et de faire ainsi plus dé bénéfices avec un même capital disponible, et avec de moindres magasins.

Dans une telle question, on peut entrevoir d'avance qu'il n'y aurait pas une différence extrême entre les avantages de l'une ou l'autre voie; que ces avantages, certains pour les marchandises de grande valeur, diminueront avec le prix de la tonne, et qu'il y aura un point de cette valeur des marchandises ou il deviendra presque indifférent de suivre ou la voie maritime où celle du chemin de fer; et que dès lors, si l'on veut voir réussir cette dernière, il faut que la disposition du chemin de fer soit telle, que les frais de traction y soient réduits au taux le plus bas; et il faut qu'une compagnie puisse y maintenir, avec bénéfice convenable, des tarifs de o fr. o4 c. à o fr. o5 c. au plus par tonne et par kilomètre pour les marchandises communes, qui à un taux plus élevé ne viendraient pas sur le chemin de fer; et la condition que j'ai jugée nécessaire pour parvenir à ce résultat, est d'éviter avec le plus grand soin toute montée qui n'est pas indispensable dans le tracé du chemin, d'y établir les pentes les plus douces et d'une parfaite uniformité sur les plus grandes longueurs possibles, d'avoir soin pour les grandes lignes, partout où l'on pourra le faire, de ne pas excéder la pente de $0^m,002$, qui sera vraisemblablement le chiffre du coefficient des frottemens dans les waggons perfectionnés, sauf à admettre, sur quelques parties de peu de longueur, lorsqu'il y aura de toute nécessité des hauteurs plus grandes à franchir, des pentes qui seront plus fortes, mais toujours uniformes, et des moteurs supplémentaires en chevaux, ou en machines fixes ou locomotives, selon les circonstances, pour aider à traverser ces passages plus difficiles; principes qui, au surplus, doivent nécessairement parfois se trouver modifiés d'après les exigences locales.

Une condition également essentielle m'a paru être aussi dé chercher en même temps à rapprocher le chemin, autant que possible, des lieux où il y a le plus de population et d'industrie, tant pour que le chemin soit utile au plus grand nombre de personnes, que pour le concours d'une plus grande quantité de voyageurs, et qu'en donnant la faculté de faire supporter par eux et par les marchandises précieuses la majeure partie de l'intérêt du capital du chemin, on pût se contenter, pour les marchandises communes, d'un léger bénéfice sur les frais réels de traction.

C'est sous cette inspiration que j'ai rédigé les détails de la ligne dont j'ai été chargé.

Cependant, arrivant à Paris pour y présenter et y expliquer mes projets, j'ai vu, messieurs, par la première de vos séances à laquelle j'ai assisté, qu'une opinion contraire à la mienne paraissait généralement admise, c'est-à-dire que l'on n'attachait qu'une importance médiocre à l'uniformité des pentes, pourvu que l'on n'excédât pas celle de 5 mill. par mètre, et qu'ayant la possibilité de conserver des lignes presque horizontales, on regardait comme chose indifférente de s'élever, même à des hauteurs très-grandes, pour en descendre ensuite, avec la seule réserve de ne pas excéder les pentes de $0^m,005$, et j'ai vu que les tarifs proposés sur les chemins ainsi projetés étaient trois fois plus élevés qu'il ne serait possible de les maintenir, non-seulement pour les marchandises de transit, mais encore pour la plupart de celles du commerce ordinaire de la France, et qu'ainsi, envisageant les chemins de fer sous un point de vue entièrement opposé au mien, on ne les considérait que comme devant servir aux marchandises les plus précieuses.

J'ai cherché sur quels principes se fondait l'opinion des auteurs des projets présentés, et je n'ai pu en découvrir aucun; j'ai vu plusieurs ingénieurs qui, calculant chacun par des formules savantes pour comparer divers projets entre eux, arrivaient à des résultats opposés, et il m'a semblé que l'erreur provenait du trop de science, et de ce que l'on voulait enfermer dans les limites d'une analyse élevée une question qui s'en échappe toujours par quelques points, vu qu'elle repose sur un nombre si grand de considérations diverses, que je crois absolument impossible qu'une formule les embrasse toutes.

Reconnaissant alors la nécessité de développer mes idées dans un écrit pour pouvoir vous les présenter, et désirant, messieurs, vous fournir à vous-mêmes les moyens d'abréger le temps dans l'examen et la comparaison des projets par des calculs tout préparés, j'ai rédigé le travail intitulé : *Tableaux de la locomotion*, dans lequel jugeant impossible, ainsi que je viens de le dire, de traiter ce sujet par la voie de formules générales, j'ai scindé la question et l'ai subdivisée en parties qui se succèdent, en divisant l'une de l'autre.

C'est ce travail, messieurs, sur lequel M. le directeur général, avant de le soumettre à votre jugement, voulant qu'aucune objection ne pût échapper contre les idées que j'émets, en ce qui diffère de l'opinion commune, et que vous ayez ainsi toutes les données pour statuer en parfaite connaissance de cause, a consulté une commission composée en majeure partie des adversaires naturels de l'opinion qui est soutenue dans mon mémoire, c'est-à-dire des ingénieurs qui ont rédigé des projets dans le système contraire au mien, et qui ont proposé des tarifs trois fois plus élevés que ceux que je crois convenables.

Vous avez entendu, messieurs, l'avis de cette commission ; je n'en suivrai pas ici toutes les objections, que je reprendrai plus tard une à une, si vous en témoignez le désir ; je rappellerai seulement à présent que sur le point capital, l'établissement des tarifs, elle persiste à penser, sans cependant fournir aucuns détails, qu'on doit les maintenir, pour chaque longueur d'un kilomètre, à o fr. 14 c. par tonne de marchandises, et o fr. 09 c. pour chaque place de voyageur; et je reproduirai les conclusions du rapport, qui sont ainsi conçues :

1° « M. Arnollet ne paraît pas avoir résolu, dans son mémoire, la » question générale de la détermination des frais de traction sur un che- » min de fer.

2° « La commission ne voit pas non plus qu'il ait résolu aucune ques- » tion particulière, parce que, *bien qu'il ne commette pas d'erreurs de* » *théorie*, les données premières qu'il emploie sont tellement contesta- » bles, qu'on ne peut accorder à l'auteur aucune des conclusions aux- » quelles il est conduit par les exemples qu'il choisit.

3° » Il paraît à la commission que le mémoire de M. Arnollet est de » nature à jeter sur les tarifs proposés par le gouvernement une défaveur » qui n'est nullement fondée, puisqu'ils ont été arrêtés d'après les seules » données qu'on puisse regarder comme suffisamment établies aujour- » d'hui par l'expérience. »

Assailli ainsi sur tous les points, excepté ceux de théorie, je viens pourtant ici, messieurs, avec confiance, pour m'y défendre sur la brèche, et peut-être, repoussant et forçant l'assaillant dans ses lignes, détruirai-je ses moyens d'attaque.

Mais avant d'entrer en matière, je crois bon de faire, dès ce moment, remarquer l'avantage de la méthode que j'ai adoptée; les points de fait se trouvent isolés de ceux de théorie, et comme le rejet des différentes applications de mes tableaux ne se fonde que sur l'inexactitude préten- due *des données premières que j'emploie*, si je démontre qu'elles sont vraies, force sera, je crois, d'en accepter les conséquences.

Ces données, sur lesquelles se fondent les tableaux de locomotion, d'où se déduit tout le reste du travail, sont de trois ordres différens en ce qui a rapport aux machines locomotives, et voici comment la commission les a classées :

1° La force de la machine, ou le travail dont elle est capable dans un temps donné.

2° Le poids de la machine et la résistance que les roues peuvent supporter sans glisser.

3° Le prix de l'entretien de la machine pour une heure de travail effectif.

Sur ce qui a rapport à la force.

Je considère la machine qui sert de base à mes calculs comme capable d'un effort de traction de 600 kil. avec vitesse de 16,000 mil. à l'heure, ce qui fait, en kilogrammes élevés à 1 mèt. par seconde, 2,640, et produit, pour cette vitesse de 4 lieues à l'heure, 35 forces de chevaux et $\frac{2}{10}$. En prenant le nombre de 75 kil. élevés à 1 mèt. pour représenter une force, ainsi que la commission l'adopte.

Elle observe à ce sujet : *Que Wood ne pense pas qu'on doive porter la force des machines locomotives à plus de 13 à 18 chevaux, et qu'alors, pour la vitesse de 6 lieues, la traction ne doit être que de 200 kil., tandis que je la porte à 330.*

Sur ce qui concerne le rapport entre le poids de la machine et la résistance des roues.

J'ai supposé qu'une machine du poids de 8 tonnes, compris l'eau de la chaudière, à son niveau de travail, peut exercer un effort de traction de 600 kil. ou du 13° de son poids.

La commission observe : *Que les auteurs anglais ont admis que la moyenne ne devait pas être de plus du 20° du poids, et qu'alors je dois réduire à 400 kil. la traction à faible vitesse.*

Pour ce qui concerne le prix de l'heure de service et d'entretien de la machine.

Je le porte à 20 fr. pour la vitesse de 4 lieues, et à 28 fr. pour celle de 8 lieues à l'heure; le prix moyen étant ainsi de 24 fr. pour la vitesse de 6 lieues, et pour une position moyenne de la ligne du projet, par rapport aux mines d'où l'on pourra tirer le charbon, ce que je définis, au surplus, en estimant à 2 fr. 50 c. le prix de 100 kil. de coke.

La commission porte ce prix à 45 fr. par heure, sans distinction de vitesse, et sans indiquer ses motifs pour l'adopter ainsi.

Ayant, de cette manière, rejeté toutes les bases de mon travail, elle conclut naturellement au rejet de toutes ses conséquences, sans se donner la peine d'en faire un examen sérieux, et son rapport aurait parfaitement pu se réduire aux conclusions que j'ai citées.

J'établirai bientôt de quel côté se trouve la vérité dans des évaluations si différentes, mais je dois faire remarquer, dès ce moment, que mes tableaux de locomotion ne s'appliquent pas seulement à l'emploi des machines à vapeur, qu'ils commencent d'abord par ce qui a rapport aux chevaux, et que pendant très-long-temps on a exclusivement employé ces animaux sur les chemins de fer pour le transport des marchandises; ils le sont encore même actuellement en beaucoup de lieux, et notamment en Amérique, sur la plus grande partie des chemins de cette nature; ils pourraient également l'être sur un chemin de Marseille au Havre, si les dépenses par machine se trouvaient plus considérables. Tredgold nous dit, en parlant des chevaux, *qu'il n'existe pas de moteur plus propre à produire le mouvement sur un chemin de fer;* M. Minard, dans ses Leçons sur les chemins de fer, indique encore les chevaux comme étant les meilleurs moteurs en France; M. Navier n'avait calculé son projet de son chemin de fer de Paris au Havre que dans la supposition de l'emploi des chevaux allant au pas, vitesse qu'il considérait comme suffisante pour les marchandises; enfin, M. l'inspecteur Devilliers, président de la commission, dans le mémoire qu'il vient de publier sur le chemin de Paris à Versailles, propose même d'employer des chevaux pour le transport des voyageurs, et ce pourrait bien effectivement, dans cette localité, être le meilleur moteur.

Je serais donc bien aussi fondé à proposer l'emploi d'un semblable moyen pour les marchandises communes; or, la commission n'a fait aucune objection sur les tableaux que j'ai présentés, relativement aux frais de traction, par le moyen des chevaux, elle les a donc acceptés;

il aurait été difficile, en effet, que l'on me fît des objections à cet égard, car je n'ai compté que pour 5o kil. l'effort de traction d'un cheval allant au pas, que Désaguillers porte à 90 kil., Wat et Wood à 68, Gestner à 69, Tredgold à 58, M. Navier à 80 kil. dans son Projet de chemin de Paris au Havre, M. Biot à 60 kil., et que l'on trouve effectivement d'environ 60 kil. dans le travail journalier de service fait par les chevaux sur la partie du chemin de St.-Etienne à Roanne comprise entre cette ville et le premier plan incliné; le cheval y remonte régulièrement 4 tonn. $\frac{1}{2}$ sur la rampe d'un centième, où mes tableaux, en admettant le coefficient du frottement $= 0,005$, ne lui supposent qu'une charge de 3 tonn. $\frac{1}{2}$. Cette charge est ordinairement en waggons vides, qui, à la vérité, offrent une résistance proportionnelle un peu moins grande.

L'entrepreneur reçoit, pour ce travail, 0 fr. 60 c. pour le relai de 7 kilom. $\frac{1}{2}$ ou 0 f. 08 par kilomètre, ou 0 fr. 0,178 par kilomètre et par tonne, poids brut, prix que, pour la rampe d'un centième, mes tableaux portent à 0,0345, c'est-à-dire à peu près au double.

Lorsqu'il remonte de la marchandise, et cela n'a pas lieu souvent, il reçoit pour le relai de 7 kilom. $\frac{1}{2}$ 0 fr. 80 c. pour 3 tonn. poids net, ou 0 fr, 0,355 par tonne et par kilomètre, prix que mes tableaux portent à 0 f. 0517, 01,87, et cependant tous les retours sont à vide et sans rétribution, les waggons descendant seuls sur la pente de 0,01.

Les frais de traction admis dans mes tableaux sont donc de plus de moitié en sus de ce qui se paye à Roanne, et ils ne seraient cependant, pour les transports au pas sur un chemin de niveau, que de 0 fr. 0,187 par tonne et kilomètre; l'entretien des waggons, beaucoup moins dispendieux que pour les grandes vitesses, ne peut pas être évalué à plus d'un quart de centime, et l'entretien du chemin étant porté, comme on le voit payé sur les chemins anglais où l'on emploie les chevaux, tels que celui de Darlington, à 0 fr. 50 c. par année pour chaque mètre de longueur, la dépense totale à faire par une compagnie, pour transporter ainsi des marchandises, serait au-dessous de 0 fr. 025 par tonne et par kilomètre sur un chemin en plaine.

Cette estimation paraît moindre, cependant, que celle qu'a donnée

.M. Navier, dans son Projet de chemin de Paris au Havre, dans lequel il l'a portée à o fr. 15 c. par lieue de 4,000 mètres, ou o fr. o,375 par tonne et par kilomètre; mais dans le moment où M. Navier a écrit, on n'avait que des notions inexactes sur la valeur du coefficient des frottemens; M. Navier l'a supposé alors 0,01, tandis qu'on est généralement d'accord actuellement de ne l'admettre que pour 0,005; M. Navier composant son prix de o fr. 15 c., de o fr. 125 pour le travail du cheval, et o fr. 025 pour les chariots, etc. Ce prix doit être réduit, ainsi que la résistance, de la moitié de la première partie, ou de o fr. 0625, et il devient o fr. 0875 par lieue, ou o fr. 022 par tonne et par kilomètre; mon estimation, plus élevée de moitié que ce qui se paye à Roanne, est donc aussi supérieure à celle de M. Navier, et il est bien certain qu'une compagnie trouverait un bénéfice suffisant en exécutant ainsi les transports à raison de o fr. 04 c. par tonne et par kilomètre, si le tonnage était considérable, et au tarif de o fr. 05 elle aurait un très-grand bénéfice.

Supposons, par exemple, le chemin de Marseille au Havre terminé, en suivant la plaine, et jouissant, sur les produits de l'intérieur, d'un tarif et de bénéfices quelconques; et qu'il y ait à mettre en question si l'on accordera le passage aux marchandises de la Méditerranée au prix de o fr. 045, et admettons que le total des marchandises qui proviendraient, soit de la mer Rouge, soit de la Méditerranée, et qui pourraient alors prendre le transit, soit de 400,000 tonnes, nombre qui est un *minimum*; le bénéfice, au prix de o fr. 045, serait au moins, d'après ce que nous avons vu ci-dessus, de o fr. 02 par tonne et par kilomètre, ou de 22 fr. par tonne, pour le trajet de Marseille au Havre, *en supposant le chemin de niveau;* mais s'il est tracé dans la plaine, sans contre-pentes, et si les pentes générales n'excèdent pas 0,0025, le plus grand poids que les chevaux peuvent conduire, en descendant, forme compensation au plus grand effort nécessaire en montant; la montée s'opère un peu plus lentement que sur la ligne horizontale, mais la descente est plus rapide; les parties qui n'excèdent pas la pente précitée peuvent donc être considérées comme horizontales, en employant des chevaux; il doit seulement y avoir une augmentation de dépense pour le passage obligé de la grande chaîne des montagnes qui séparent les versans de l'Océan et de la Méditerranée ; or, il y aura, pour ce passage, une longueur moyenne de 16,000 mètres, compensation faite entre les deux versans, sur laquelle la rampe sera de o^m,0065, et, d'après le tableau, les frais de traction à l'aide de chevaux au pas y seraient augmentés de o fr. 025 par tonne et kilomètre, ce qui, pour tout le passage de la montagne, produirait une augmentation de o fr. 40 c.

Admettons qu'il y ait encore dans le trajet quelques augmentations partielles, le bénéfice net demeurerait toujours au moins de 20 fr. par tonne, ce qui, sur 400,000 tonnes, produirait un accroissement de revenu de 8 millions, ou environ 4 pour cent de la valeur du chemin, que j'évalue à 200 millions.

Ainsi, ce seul accessoire, avec le tarif que l'on prétend impossible, fournirait plus qu'une compagnie ne demanderait au gouvernement de garantie pour la totalité du produit.

Ajoutons encore que le transit de ces marchandises déterminerait nécessairement celui d'un très-grand nombre de voyageurs qui produiraient de nouveaux bénéfices.

Ce tarif de o fr. 04 à o fr. 05, que l'on me reproche de déclarer possible à l'aide des machines à vapeur, le serait donc toujours avec des chevaux, en l'appliquant, bien entendu, aux marchandises de transit et aux marchandises communes de l'intérieur, et le faisant varier sur les chemins de fer comme sur les canaux, de telle sorte que les bénéfices de la compagnie fussent plus grands sur les marchandises d'un plus grand prix.

J'insisterai particulièrement sur ce point, afin que l'on ne se méprenne pas sur le sens de mon opinion, sur mes véritables intentions ; je déclare donc que je suis loin de prétendre que le gouvernement, qui refuserait toute garantie d'un intérêt quelconque, dût interdire des tarifs plus élevés, si les probabilités de tonnage, d'après ceux que j'ai indiqués et les calculs que je présente, ne laissaient espérer, pour une compagnie qui aurait la jouissance d'un chemin, qu'un revenu de 5 à 6 pour cent du capital de l'entreprise; je sais parfaitement que l'appât d'un plus grand bénéfice est nécessaire pour attirer les capitaux lorsqu'il y a chance de perte; je sais qu'il est une foule de menues dépenses dont on ne se rend jamais un compte exact; qu'il est des événemens imprévus, dont de fâcheux exemples peuvent inspirer une crainte qui ne sera que trop fondée, si les travaux ne sont pas exécutés avec toutes les précautions que l'art et la prudence exigent; mais je sais aussi que le revenu ne croît pas toujours avec l'augmentation du tarif, il est souvent en sens inverse; et d'ailleurs, ces craintes qui peuvent se baser sur l'imprévoyance des calculs et la mauvaise direction des travaux, les particuliers doivent les porter beaucoup plus haut que le gouvernement lui-même qui aura fait étudier les projets; je dis donc que c'est à lui, d'abord, à examiner si l'entreprise est digne d'obtenir sa protection, et que si, cumulant tous les avantages qui doivent résulter, soit pour l'état lui-même, soit pour le commerce, l'industrie et les propriétés, il y trouve utilité publique, il ne doit pas refuser la garantie du médiocre intérêt que réclameraient les bailleurs des fonds, s'ils avaient, d'autre part, la perspective d'un accroissement de dividende que l'on pourrait laisser monter à 10 pour cent, avant de modifier les tarifs; car, en refusant cette garantie, et en autorisant des tarifs aussi exorbitans que ceux qui ont été proposés, le gouvernement impose assurément aux contribuables, qui seront soumis au monopole, une charge bien plus grande que celle qui pourrait résulter de l'effet de la garantie, dans le cas le plus défavorable; et s'il pouvait douter qu'avec de bas tarifs on obtînt ce modique intérêt qu'on lui demanderait d'assurer, je dis qu'il n'y aurait pas lieu d'autoriser l'entreprise qui, sous le rapport de l'intérêt général, serait alors plus nuisible qu'utile.

Je dis que des tarifs, tels que la commission les propose, ne peuvent que constituer un monopole odieux, et j'ajouterai, en adoptant à cet égard une opinion déjà soutenue par des personnes d'un mérite incontesté, que pour obtenir des chemins de fer tout le bien qu'ils peuvent produire, maintenant, et dans l'avenir, il faudrait que le gouvernement en demeurât propriétaire, et en affermât l'exploitation par baux successifs, dans lesquels des intérêts de l'État et du commerce se trouveraient

(16)

Si maintenant je continue le calcul, m'appliquant les prix de la commission, suivant la marche de l'article correspondant dans le mémoire, et supposant toujours la machine de 24 chevaux, je trouve que les frais de traction pour la ligne de la plaine, seraient de 0 fr. 055, et que, sur la ligne du coteau, ils seraient de 0 fr. 12 c., et que la longueur qui pourrait être parcourue en plaine, sans dépenser plus que sur le coteau, ayant égard à l'intérêt du capital et à l'entretien du chemin, serait de 122,000 mètres au lieu des 72,500, longueur du chemin sur le coteau; or, la ligne d'Éverly à Ablon, par la plaine aurait au plus, 90,000 mètres, il y aurait donc, par ce tracé, 32,000 mètres de moins que la longueur qui donnerait une dépense égale à celle du parcours des coteaux.

Les bases adoptées par la commission offrent donc, à cet égard, un résultat plus défavorable encore que les miennes pour les tracés à contre-pente.

Je vous prierai maintenant, messieurs, d'observer que ces nombres sont calculés dans la supposition que le coefficient des frottemens est égal à 0,005, mais qu'il est bon d'examiner quel résultat le changement de ce coefficient pourrait produire sur l'effet du tracé d'un chemin de fer, car si l'on reconnaissait que l'avantage que je viens d'indiquer, en faveur du tracé par la plaine, s'augmentât d'une manière notable dans la supposition de l'abaissement de ce coefficient, et qu'il y eût seulement probabilité d'obtenir un jour cet abaissement, il serait prudent de disposer le tracé de manière à pouvoir profiter de l'avantage qui en résulterait; or, je crois pouvoir soutenir qu'il y a plus que probabilité de voir ce coefficient descendre à 0,002, ou tout au moins à 0,0025.

J'ai exposé, dans une note remise à la commission, ce qui a été fait pour le perfectionnement des waggons en Allemagne, en Amérique, en Angleterre, et ce que j'ai fait moi-même; mais j'ai encore à parler d'un autre waggon construit par MM. Mellet et Henry, sur le modèle américain, d'après le principe commun à tous ceux qui se sont occupés d'essais de cette nature, principe qui tend à convertir en frottemens du deuxième genre la presque totalité du frottement du premier, c'est-à-dire ces nombres au calcul que j'ai présenté, pour établir la comparaison entre un tracé par une vallée et celui qui en sortirait pour franchir les coteaux perpendiculaires à son cours, par le moyen de plusieurs contre-pentes dans le dessein d'abréger le chemin.

, Ce point est un des plus importans parmi les applications de mes tableaux, parce que le profil que j'ai indiqué n'est pas une simple supposition, il est celui du projet qui quitte la vallée de la Seine à Éverly, pour y rentrer à Ablon, en passant par la forêt de Senard.

J'avais toujours cru que le motif qui faisait quitter la vallée était d'abréger un peu la longueur du trajet, afin de favoriser les transports à grande vitesse, en maintenant celle de 8 lieues à l'heure sur les parties en rampe, dont l'inclinaison ne serait pas plus de $0^m,005$, et cela surtout en approchant de Paris, et c'est dans la supposition de ce désir de maintenir la grande vitesse que j'ai présenté les calculs indiqués au mémoire, à la troisième application des tableaux; mais il paraît que j'étais dans l'erreur, et qu'on se contenterait, dans ce passage, d'une vitesse moyenne de 5 lieues, et d'arriver à Paris plus tard qu'on ne le ferait en suivant la plaine si cela diminuait les frais. « M. Arnollet, dit » le rapporteur, suppose, en se servant de ses tableaux, qu'on emploiera » des moteurs de renforts pour aller toujours avec la même vitesse de » 8 lieues à l'heure, sur la pente comme sur la partie de niveau; or, » c'est ce qu'on ne peut lui accorder. »

J'abandonnerai donc ici l'hypothèse de la grande vitesse, et je vais considérer le chemin sous le rapport commercial, et chercher de quel côté seront les plus grands frais de traction, adoptant entièrement les nombres de la commission, avec cette seule différence que je réduirai seulement la force de la machine de 35 chevaux à 24 au lieu de 18, quand elle produit son *maximum* d'effet utile, ne voulant rien changer à son poids, sauf à examiner ensuite ce qui pourrait avoir lieu si on la réduisait à 18 chevaux, *maximum* de la force adoptée par la commission.

Je conserve le poids de la machine, présumant que c'est en raison de ce poids et de la force qui peut en résulter, que la commission a porté à 45 francs le prix de l'heure du travail dont elle ne donne pas de détails.

La puissance de traction étant réduite au vingtième du poids, ou à 400 kil. au lieu de 600, pour la vitesse de 4 lieues à l'heure, les poids totaux des convois traînés sur les différentes pentes seront les $\frac{2}{3}$ de ceux indiqués aux tableaux. Ainsi, en supposant toujours le coefficient des frottemens $= 0^m,005$, et la somme $= 0,0045$, pour le cas de la descente de $0^m,0005$, on trouve que le poids total traîné en suivant la plaine serait les $\frac{2}{3}$ de 133 tonn. $=$ 89, et déduisant 12 tonn. pour le poids de sa machine et son fourgon, il reste 77 tonn. pour le poids du convoi qui serait traîné en venant de Troyes; lorsqu'au lieu de la pente de $0^m,005$ en descendant, on rencontrera la rampe d'Éverly de $0^m,005$, la somme du coefficient et de la rampe sera $0^m,0085$, et à ce nombre correspond, dans le tableau, un poids total du convoi de 70,6, dont les $\frac{2}{3}$ sont 47, duquel nombre déduisant 12 tonn., il reste 35 tonn. pour le poids que la machine pourra monter, au lieu de celui de 77 tonn. qui serait traîné dans la plaine.

Il faudra donc toujours, dans ce système, deux machines au lieu d'une, et encore devront-elles faire chacune, pour traîner ce demi-convoi qui avec la machine donnera un poids total de 50 tonn. $\frac{1}{2}$, un effort de 430 kil., effort plus grand d'un $\frac{1}{13}$ que le *maximum* admis par la commission, et qui serait alors à peu près $\frac{1}{18}$ du poids de la machine; ainsi nous rentrons dans la position qui a été décrite au mémoire pour l'hypothèse de la machine spéciale à vitesse de 8 lieues à l'heure.

Si j'avais supposé la machine de 18 chevaux seulement, l'effort de traction, à vitesse de 4 lieues, ne serait que 300 kilogrammes, il faudrait donc prendre moitié des nombres qui sont au tableau, mais on pourrait admettre que le poids de la machine et de son fourgon ne seraient que de 10 tonnes, on trouverait, dans ce cas, le convoi traîné dans la plaine de 56 tonn. 5, et sur la rampe d'Éverly, 25 tonn. 3, nombres qui sont entre eux précisément dans le même rapport que 77 et 35, qui expriment les charges traînées par la machine de 24 chevaux.

toujours garantis; les tarifs suivraient alors les progrès de l'industrie, alors on pourrait varier les conditions du mode de jouissance, soit pour la vitesse des transports, soit pour les moteurs employés.

L'expérience aurait bientôt appris si, pour conduire les marchandises, on doit adopter de préférence des machines ou des chevaux; mais, d'après ce que nous avons vu plus haut au sujet de ces derniers, il est constant que, si les conclusions de la commission étaient fondées pour dire que le tarif du transport par machines locomotives doit s'élever à o fr. 14 c., la seule conséquence raisonnable que l'on devrait en tirer serait qu'il faut rejeter l'emploi des machines et s'en tenir à celui des chevaux pour le transport des marchandises.

J'espère démontrer qu'on ne sera pas dans cette nécessité pour les chemins tracés dans la plaine, et déjà, sans discuter aucuns prix, je pourrais m'appuyer sur un fait qui est de nature à établir une présomption bien forte en faveur de mon opinion.

Sur le chemin de Saint-Étienne à Roanne, le service se fait de trois manières différentes, selon la situation du chemin : où les pentes sont très-fortes, on se sert de machines fixes; les chevaux sont employés sur les pentes qui approchent 1 centième; mais dans la plaine, où les pentes varient de 7 à 15 dix millièmes, on emploie des machines locomotives, et cela pour un service qui consiste presque entièrement à transporter des charbons, et où la grande vitesse est dès lors sans utilité; et cependant, nous avons vu ci-dessus que le service des chevaux y est à très-bas prix. Il est donc évident que l'intérêt de la compagnie, le meilleur juge en semblable matière, a décidé la question pour l'emploi des machines en plaine; qu'il faut bien dès lors que les frais de traction par machine n'excèdent pas ceux qui auraient lieu en employant des chevaux, et ne soient, par conséquent, pas plus élevés que ceux que j'ai indiqués dans mes tableaux, et qu'il y ait erreur dans les bases de la commission.

J'en fournirai plus tard la démonstration directe; mais je veux encore, en ce moment, rester dans la supposition que les nombres de la commission sont exacts, et examiner ce qui aurait lieu en appliquant de ceux qui ont eu lieu sur les axes dans le système des waggons ordinaires.

MM. Mellet et Henry ont obtenu, comme moi, par leur waggon, l'abaissement à 0,002 du coefficient du frottement; leur waggon, comme le mien, descend seul sur la pente de 0,002 ce waggon, ils l'ont déjà employé à transporter des marchandises de diverse nature, et ils ont toujours trouvé le même avantage, de réduire à peu près au tiers l'effort qui est nécessaire, dans l'usage des waggons ordinaires, lorsque le chemin est de niveau.

Le système de construction de ce waggon est plus compliqué que le mien, je suis persuadé que la détérioration y serait plus prompte, je crois même y voir des causes qui peuvent, en certaines circonstances en neutraliser l'avantage, et peut-être est-ce le motif qui en a fait, dit-on, abandonner l'emploi en Amérique; mais enfin voilà deux modèles différens, exécutés en grand, qui offrent, l'un et l'autre, des résultats conformes à un principe théorique incontestable; peu importe que l'un ou l'autre soit préféré, ou qu'ils soient modifiés l'un par l'autre, mais je ne crois pas qu'en les voyant il soit permis de douter que, s'il reste encore des perfectionnemens à y faire, l'art ne puisse parvenir à trouver promptement la forme qui sera convenable pour produire l'effet théorique joint à un facile entretien.

On a déjà fait bien des recherches, bien des calculs et des dépenses, pour trouver le moyen de faire cesser ou diminuer l'augmentation de résistance que les waggons éprouvent en suivant les courbes de petits rayons; le résultat que l'on obtiendrait par là n'aurait pas, cependant, la vingtième partie de l'importance de celui qui, détruisant les frottemens d'axe, réduirait de plus de moitié les efforts de traction sur toutes les lignés horizontales; il n'est donc pas douteux que l'industrie ne poursuive et n'atteigne enfin ce dernier; examinons donc ce qui arriverait si le coefficient était réduit à 0,002, ou si l'on veut à 0,0025, nombre que je ne craindrais pas de garantir, pour le waggon que j'ai construit, et qui est à la disposition de la commission de Saint-Étienne.

Je partirai toujours, pour le calcul, du profit indiqué au mémoire,

(18)

et des bases qui sont admises dans le rapport de la commission, sauf le nombre de forces de chevaux, que je conserve de 24.

Les sommes du coefficient et de la pente seront alors 0,002 dans la plaine, et 0,006 sur la rampe de 0,0035. Les poids des convois qui pourront être traînés par la machine seront alors, déduction faite du poids de la machine et fourgon, 188 tonn. dans la plaine, et 54 tonn. $\frac{1}{7}$ sur le coteau, c'est-à-dire qu'il faudrait 3 machines $\frac{5}{11}$ pour monter sur le coteau ce qu'une seule conduirait en plaine (la vitesse étant de 4 lieues à l'heure).

Dans le cas d'une rampe de 0,005, une machine ne remonterait que 41 tonn., elle n'en remonterait que 26 sur la rampe de 0,008, c'est-à-dire moins du 7° de ce qu'elle pourrait traîner en plaine.

Si, au lieu de la vitesse de 4 lieues, on voulait adopter celle de 6 (et l'on verra plus bas qu'il serait peut-être bon de le faire, et pour les voyageurs, et pour les marchandises), l'avantage de la ligne en plaine deviendrait encore plus grand, le poids traîné avec l'effort des 220 kil. ($\frac{2}{3}$ de 330 indiqués au tableau) serait alors de 98 tonn. dans la plaine, et 25 sur le coteau, la rampe étant de 0,0035, de sorte qu'il faudrait 4 machines pour remonter sur le coteau ce qu'une seule conduirait en plaine, et dans le cas où la rampe serait de 0,005 ou de 0,008 sur le coteau, une machine conduisant toujours 98 tonn. dans la plaine, n'en monterait plus que 18 ou que 9 tonn. sur le coteau, c'est-à-dire qu'il faudrait 5 machines $\frac{1}{2}$ dans le cas de la rampe de 0,005, et 11 machines, dans le cas de la rampe de 0,008 pour monter la même charge qu'une seule conduirait dans la plaine.

Si enfin l'on considérait la vitesse de 8 lieues à l'heure (toujours dans le système des machines communes), on trouverait que pour monter la charge que conduirait une seule machine dans la plaine, il en faudrait 4 $\frac{1}{2}$ sur la rampe de 0,0035, 7 $\frac{1}{3}$ sur la rampe de 0,005, et 30 sur la rampe de 0,008.

Ces indications suffisent pour faire comprendre combien il importe, d'une part, de perfectionner les waggons, et d'autre part, de disposer les chemins de manière à pouvoir profiter complétement de ces perfectionnemens.

(19)

Vous ayant indiqué, messieurs, la situation du profit dont mon mémoire offre le calcul, permettez-moi encore ici une digression à ce sujet.

Non-seulement les frais de traction seraient beaucoup plus grands en suivant le coteau qu'en se tenant dans la plaine entre Éverly et Ablon, mais, par le tracé qui s'écarte de la vallée pour traverser la forêt de Senard, on priverait le chemin de fer de plus de moitié de son produit, et l'on enlèverait ainsi à la Compagnie qui aurait la jouissance de ce chemin la possibilité d'abaisser le tarif pour les marchandises communes.

Dans l'état actuel de la circulation, un bateau à vapeur fait chaque jour le trajet de Paris à Montereau, allant un jour, et revenant le lendemain ; deux autres bateaux à vapeur parcourent chacun deux fois par jour la distance de Paris à Melun. Enfin, un quatrième parcourt quatre fois par jour la distance de Paris à Corbeil. Ainsi, plus il y a de proximité, plus le nombre des voyageurs est grand ; lorsqu'on peut aller et revenir le même jour, comme on le fait entre Paris et Melun, le nombre moyen des voyageurs, dans les deux sens, et dans la bonne saison, est égal au dixième de la population de la petite ville ; qu'on suppose le chemin de fer établi dans la plaine, Montereau sera plus près de Paris que Melun ne l'est actuellement. Fontainebleau ne sera qu'à deux heures de la capitale, et comme les mêmes causes produisent nécessairement des effets analogues, on peut être certain que le nombre moyen des voyageurs de la localité, qui suivraient la ligne de Paris à Montereau, serait au moins de 1,500 par jour.

Ajoutons que Montereau se trouvant alors à trois heures de Paris, Sens, ville bien autrement importante, se trouve elle-même presque aussi rapprochée de Paris que Melun l'est actuellement, les bateaux à vapeur repoussés par le chemin de fer, navigueraient entre Montereau et Auxerre, et feraient communiquer toute cette vallée avec le chemin de fer, qui les aurait remplacés, en attendant qu'un embranchement, qui pourrait n'être qu'à une seule voie, s'établît entre Auxerre et Montereau.

Mais de plus, la partie de Paris à Corbeil offrirait $\frac{1}{4}$ du travail fait pour un chemin de Paris à Orléans, on n'hésiterait pas alors à adopter pour ce dernier la direction qui a été proposée par la vallée d'Erronne, les frais de traction pouvant, de cette manière, être considérablement réduits, et l'on aurait, dans cette partie, un double bénéfice avec peu d'augmentation de frais. Le tracé qui suivrait la vallée entre Paris et Montereau procurerait donc nécessairement au chemin de fer des produits très-considérables, en voyageurs et marchandises, produits dont on n'aurait pas $\frac{1}{8}$ en suivant le tracé de la forêt, et l'on perdrait par là un bénéfice énorme, car, sur les voyageurs, presque tout sera bénéfice, leur transport, en plaine, ne coûtant pas plus d'un demi-centime pour la longueur d'un kilomètre; admettons, pour l'année 400,000 voyageurs, au prix de o fr. o3 c. par kilomètre, prix qui n'est que moitié de ce qui se paye par bateaux à vapeur, et qui, joignant l'économie à une vitesse double, ne permettrait pas leur concurrence; le bénéfice annuel, à raison de o fr. o25 par voyageur serait de 10,000 fr. par kilomètre, ce serait, pour ces seuls voyageurs de la localité, 7 pour 100 du capital, supposé de 140,000 fr. Des observations analogues pourront se faire presque partout, quand on comparera deux tracés, l'un suivant une grande vallée, l'autre qui s'en écartera, parce que, généralement, ce sont les grandes vallées qui sont les foyers de l'industrie, et où les populations sont le plus agglomérées; mais cela suppose aussi que les chemins de fer l'emporteront sur les bateaux à vapeur, ce que je crois avoir démontré dans mon mémoire, et qui est contesté dans le rapport de la commission; tout est, à cet égard, dans la question des tarifs, et j'ai encore à justifier les miens pour le cas de l'emploi des machines à vapeur qui, seules, peuvent procurer la vitesse nécessaire pour attirer les voyageurs; je reviens à cet effet aux bases de mes évaluations, contestées par la commission.

Force de la machine.

La première base contestée est la force, que je suppose de 35 chevaux pour la machine locomotive; marchant à 4 lieues à l'heure, elle ne doit être, dit-on, que de 13 ou 18 au *maximum*, parce que telle est l'opinion de Wood.

Cependant, j'ai fait voir dans une note jointe au mémoire, qu'en

1831, c'est-à-dire postérieurement à l'époque à laquelle Wood écrivait, la machine le Samson ayant été éprouvée sur le chemin de Liverpool, y a exercé une puissance qui a été au moins de 60 chevaux; on répond à cela que cette machine fait exception : mais j'ai encore cité M. Biot, qui rapporte sommairement, d'après *la Revue d'Edimbourg* d'octobre 1832, que plusieurs nouvelles machines venaient de transporter sur le même chemin des convois de 100 tonnes, avec vitesse de 8 lieues à l'heure; et j'ai prouvé que ce travail n'avait pu être fait que par une machine capable de développer une force aussi égale au moins de 60 chevaux, en raison des pentes variées du chemin, d'où je concluais qu'on pouvait bien m'en accorder une de 35 dans son *maximum* d'effet, et que je réduis à 23 pour la vitesse de 8 lieues à l'heure; je croyais avoir fourni à ce sujet des indications suffisantes; mais puisque l'on conteste tout, je vais donner encore quelques nouveaux développemens : voici ce que contient *la Revue d'Édimbourg* d'octobre 1832, dont je dois la traduction, messieurs, à l'obligeance de l'un de vous :

« La machine là Victoire, du poids de 8 tonn. 2 quint. (8,226 kil.),
» dont 5 tonn. 4 quint. (5,281 kil.) portant sur les roues qui travaillent,
» le cylindre étant de 11 pouces (0^m,28 c.), la course de 16 po. (0^m,408),
» le diamètre des roues qui travaillent 5 pieds (1^{m}424).

» Le 5 mai 1832, cette machine a traîné de Liverpool à Manchester,
» distance 30 milles (48,280^m.) en 1 heure 34 minutes 75 secondes,
» 20 waggons chargés, pesant 92 tonn. 19 quint. $\frac{1}{4}$ (93 tonn. 417)
» poids brut, en consommant 929 livres (321,2 kil. ou 266 kil. par
» heure) net de coke. Elle fut aidée par le Samson sur le plan incliné
» de Rainhill, de 1 mille et demi de longueur. Elle employa 10 minutes
» à se fournir d'eau et à graisser à moitié chemin, le foyer a été garni
» de coke non pesé au départ, le coke a été renouvelé à Manchester et
» a été pesé; on ne compte pas celui qui a été employé avant le dé-
» part pour obtenir la vapeur.

» La vitesse de niveau a été d'abord 18 milles (28,968^m·) à l'heure;
» Sur la pente de 4 pieds au mille (0,00076) 21 milles $\frac{1}{2}$ (33,593)
» à l'heure;

» Sur la pente de 6 pieds au mille (0,00144), 25 milles $\frac{1}{2}$ (41,029)
» à l'heure;

» Sur la rampe de 8 pieds au mille (0,00152), 17 mille $\frac{2}{3}$ (28,367^m.)
» à l'heure;

» Sur le chemin de niveau (sans vent) 20 milles (32,180^m.) à l'heure.

» *Nota.* Vent modéré, contraire au commencement, la machine a glissé à Chat Moss, et a été retardée 2 à 3 minutes. »

La quantité de charbon brûlé a été d'après cela de 0^k,14 par tonne et par kilomètre, poids net de la marchandise.

En calculant les quantités d'action développées successivement par la machine et exprimées en force de chevaux, selon les bases de la commission, et dans la supposition que les circonstances étaient les plus favorables, le coefficient des frottemens était seulement de 0,004, on trouvera (la charge des roues étant de 5281^k) :

Sur la première partie de niveau, effort de traction,
410 kil. 6 . . . . = $\frac{1}{13}$ du poids.

Et la puissance de la machine, pour la vitesse des
18 milles. . . . . 44 forces.

Sur la pente de 4 pieds au mille, effort de traction,
332 kil. 4. . . . . = $\frac{1}{16}$ du poids.

Et la puissance de la machine, pour la vitesse de
21 milles $\frac{1}{2}$. . . . . 42 forces.

Sur la pente de 6 pieds au mille, effort de traction,
293 kil. 3. . . . . = $\frac{1}{18}$ du poids.

Et la puissance de la machine, pour la vitesse de
25 milles $\frac{1}{2}$. . . . . 44 forces.

Sur la rampe de 8 pieds au mille, effort de traction,
566 kil. 4. . . . . = $\frac{1}{6}$ du poids.

Et la puissance de la machine, pour la vitesse de
17 milles $\frac{2}{3}$. . . . . 59 $\frac{1}{2}$ forces.

Enfin, sur la dernière partie de niveau, la traction,
410 kil. 6. . . . . = $\frac{1}{13}$ du poids.

Et la puissance de la machine, pour la vitesse de
20 milles. . . . . 49 forces.

Le moindre effet apparent, sur la première partie de niveau, paraît tenir à la résistance du vent, qui avait cessé à la fin.

Une nouvelle expérience a été faite le 8 mai suivant, sur la même machine, et a donné des résultats à peu près semblables en commençant; il y a eu quelque dérangement sur la fin, j'en supprime ici les détails, et je viens à ceux d'une autre expérience qui a eu lieu le 29 du même mois sur la machine le Samson :

« La machine le Samson, poids, 10 tonn. 2 quint. (10,264 kil.) cy-
» lindre de 14 pouces (0^m,356), course 16 pouces (0^m,406) roues, 4 pieds
» 6 pouces (1^m,372) de diamètre, les deux paires travaillant, la vapeur
» 50 livres de pression, 130 tubes dans la chaudière, a été attachée à
» 50 waggons chargés de marchandises, poids net 150 tonn. (151,350 kil.);
» la machine avec cette charge est allée de Liverpool à Manchester en
» 2 heures 40 minutes, déduit le temps pour prendre l'eau, ce qui fait
» 12 milles à l'heure; la vitesse a varié, en raison des pentes du chemin
» de niveau, 12 milles à l'heure, pente de 6 pieds au mille, 16 milles à
» l'heure, rampe de 8 pieds au mille, 9 milles environ. »

Nous déduirons de là, comme précédemment, la quantités d'action de la machine, sur les différentes inclinaisons du chemin, le poids total du convoi et de la machine étant supposé de 235 tonn. dont 151, poids net, et 84 pour waggons et machine, sur le chemin de niveau, l'effort de traction a dû être en supposant le coefficient des frottemens de 0,004, seulement de 940 kil. . . . . $\frac{1}{21}$ du poids.

Et la puissance de la machine, pour la vitesse de
12 milles. . . . . 67 forces.

Sur la pente de 6 pieds au mille, effort de traction,
672 kil. . . . . $= \frac{1}{15}$ du poids.

Et la puissance de la machine, pour la vitesse de
16 milles. . . . . 64 forces.

Sur la rampe de 8 pieds au mille, l'effort de traction,
1297 kil. . . . . $= \frac{1}{8}$ du poids.

Et la puissance de la machine, pour la vitesse de
9 milles. . . . . 69 forces $\frac{1}{2}$.

La description continue ainsi :

«Le temps était calme, les rails très-secs et les roues n'ont pas glissé,
» même dans la plus petite vitesse, excepté au départ, les rails étant,
» dans cette place, salis et enduits de boue et matières visqueuses aux-
» quelles ils sont exposés dans ces stations.

» Le coke consommé dans ce voyage, non compris celui qui a été
» employé pour former la vapeur, avant de partir, a été de 1,762 liv.
» (779 kil. = 300 kil. par heure), ce qui fait $\frac{1}{4}$ de livre par tonne et par
» mille (0 kil. 07 par tonne et kilomètre). »

Il s'agit ici du poids brut, mais cela donne $\frac{1}{10}$ de kilogramme par
tonne et par kilomètre sur le poids net des marchandises, d'où l'on voit
que, pour une moindre vitesse, la consommation du charbon n'a été, proportionnellement à l'effet, qu'environ les $\frac{2}{3}$ de celle qui a eu lieu dans les
épreuves de la Victoire; et si l'on avait pu comparer la consommation
faite par le Samson, pendant la vitesse de 16 milles et pendant celle de
9 milles, on l'aurait certainement trouvée moindre dans ce dernier cas.

Dans l'expérience citée par M. Moreau, faite le 25 février 1831, sur la
même machine le Samson, la consommation avait été de 0 kil. 12 par
tonne et par kilomètre, poids net. La vitesse avait été un peu plus grande,
le trajet ayant eu lieu en 2 heures 34 minutes, sans déduire le temps
employé à renouveler l'eau; la charge totale était moindre, étant seulement de 165 tonn. y compris machine et fourgon, mais la consommation n'a été que de 1376 liv. au lieu de 1762 brûlées dans la dernière
épreuve; il paraît que depuis la première il avait été fait quelques changemens à la chaudière.

L'examen du détail de ces expériences nous fournit, messieurs, encore
un enseignement utile; nous y voyons, de même que je l'ai indiqué
dans mes tableaux, une grande variation dans la quantité d'action des
machines, selon la vitesse avec laquelle elles travaillent; ainsi, pour la
vitesse de 9 milles à l'heure, nous voyons au Samson une force de 70
chevaux; elle n'est que de 67 pour la vitesse de 12 milles, et de 64
pour la vitesse de 16 milles à l'heure.

Pour la machine la Victoire, nous voyons la force de 60 chevaux la vitesse étant de 15 milles $\frac{2}{3}$, de 49 chevaux la vitesse étant de 20 milles; et de 44 chevaux pour la vitesse de 25 milles.

Je néglige les indications des deux premières parties de l'expérience, qui ne présentent pas la même progression, mais qui sont expliquées par ce que dit le rapport, qu'il existait un vent contraire, dont la machine a dû vaincre la résistance, sur tout le convoi, sans qu'on puisse connaître l'effort qu'elle y a employé, et qui dépend, non-seulement de la force du vent, mais de la manière dont les waggons sont chargés.

On remarque, dans le travail de la Victoire, une diminution d'un quart quand la vitesse s'accroît de moitié, dans le Samson, la différence est moindre, la vitesse augmentée de plus de 2/3. La quantité d'action n'a été diminuée que de 1/11, mais cette différence même s'explique par la théorie qui est développée dans mon mémoire; le Samson travaillant à faible vitesse, le décroissement devait être moindre que pour les vitesses plus grandes, ou l'effet même deviendrait bientôt nul.

La cause de ce décroissement des forces provient, d'une part, de ce que pour une vitesse double un même poids de vapeur occupant un espace double, sa température s'abaisse, et sa force élastique n'est pas égale à moitié de ce qu'elle était, et d'autre part, de ce qu'il y a des pertes constantes à déduire de cette puissance décroissante de la vapeur, et qui peuvent, elles-mêmes, égaler promptement la totalité de cette puissance. La difficulté de déterminer exactement ces pertes serait déjà une chose qui empêcherait de soumettre le calcul des effets de la machine à une analyse rigoureuse, mais ce qui le rend absolument impossible, c'est l'effet d'une cause inverse qui, en même temps que la vitesse augmente, accroît la production de la vapeur; l'effet de ces causes combinées ne peut, je crois, se déduire que de très-nombreuses expériences.

J'ai supposé, dans mon mémoire, que l'accroissement de la quantité de vapeur pouvait être d'un dixième, lorsque la vitesse passait de 4 à 8 lieues par heure, cette hypothèse m'ayant paru satisfaire à des résultats connus, et se trouvant faire, presque exactement, compensation à l'effet de la diminution de puissance, par l'abaissement de température, et c'est d'après cela que j'ai obtenu les efforts de traction indiqués aux tableaux,

4

et, desquels résultent, pour la machine, des quantités d'action qui sont successivement en forces de chevaux 35, 32, 29, 26, 23. Pour les vitesses de 4, 5, 6, 7 et 8 lieues à l'heure, nombres qui s'accordent assez bien avec l'observation; mais, je le répète encore, il faudrait des expériences directes et multipliées pour déterminer exactement ces nombres. La seule chose qui soit certaine et bien conforme aux principes théoriques, confirmés par les expériences précitées, est qu'il y a une variation très-grande dans la puissance de la machine selon ses différentes vitesses, et que l'on ne peut pas désigner une machine par un nombre de forces de chevaux, sans dire en même temps à quelle vitesse correspond ce nombre de forces. L'erreur que l'on commet, en agissant autrement, a été, cependant, celle de la commission qui, réduisant mon nombre de 35 chevaux au *maximum* de 18 pour la vitesse de 4 lieues à l'heure, aurait dû le compter au plus de 14 pour la vitesse de 6 lieues, et qui le conserve cependant le même, en disant que l'effort de traction y sera de 200 kilogrammes.

Nous trouverons, messieurs, dans les mêmes expériences rapportées par *la Revue d'Édimbourg*, un nouvel enseignement qui a aussi de l'importance sur un point relativement auquel je diffère encore d'opinion avec la commission; je veux parler de l'effet utile des machines, comparé à l'effet théorique. Le rapport de la commission ne s'explique pas à ce sujet d'une manière bien apparente; mais pour combattre l'indication que j'ai présentée dans une note de mon mémoire, de l'effet que doit produire une machine du chemin de Roanne, effet que je trouve et par le calcul théorique déduisant les pertes réelles, et par le résultat de l'expérience, être représenté par un effort de 711 kil. avec vitesse de 4 lieues à l'heure, ou 43 forces de chevaux, la commission réduit ce nombre à 29, s'appuyant pour cela sur l'avis de l'auteur d'un ouvrage périodique indiqué au rapport; cependant, on voit dans ledit ouvrage que le calcul avait fourni un autre résultat, celui de 86 chevaux, exactement le double de celui que j'ai indiqué; mais ce nombre ayant paru beaucoup trop grand, l'auteur, par une supposition arbitraire, déclare *que le nombre des chevaux pratiques est le tiers des chevaux théoriques*, et en raison d'un principe aussi bien établi, le nombre de 86 chevaux se réduit aussitôt à 29, et comme ce dernier convenait pour combattre mon opinion, la commission l'adopte avec empressement.

Mais pourquoi pas la moitié qui aurait donné si exactement mon nombre de 43? Pourqoui le tiers plutôt que le quart, que les $\frac{2}{3}$ que les $\frac{3}{4}$? C'est ce qu'assurément ni l'auteur du livre cité, ni aucun membre de la commission ne serait en état d'expliquer, et ce n'est pas la peine en vérité d'employer des formules où l'on développe toutes les richesses de l'analyse pour arriver à pareille fin.

Nous trouvons dans l'excellent ouvrage intitulé *Calcul des machines*, dont l'auteur est M. Coriolis, membre de la commission, l'indication des effets utiles d'un très-grand nombre de machines que l'on voit varier de 21 à 96 dynamies pour le produit d'un kilogramme de charbon; c'est-à-dire que dans les uns, le produit est quatre fois et demie plus grand que dans d'autres; il en est beaucoup dans le nombre dont l'effet ne surpasse pas le-tiers du produit théorique; mais il en est où cet effet s'élève jusqu'aux $\frac{3}{4}$ de ce même produit; la moyenne sur un bloc de 20 de ces machines pourrait bien n'être que le tiers, que l'on en prenne 20 autres et l'on pourra obtenir les $\frac{2}{3}$. Mais quand même, sur mille machines fixes, on trouverait un tiers pour moyenne, comment d'abord appliquer jamais une moyenne à un cas particulier quand elle se prend entre des résultats si prodigieusement éloignés l'un de l'autre? Et comment surtout appliquer la moyenne de mille machines fixes au système si différent des machines locomotives, où l'on peut dire que l'action s'exerce de la manière la plus directe? Cette action étant transmise sans intermédiaire à la circonférence de la roue, c'est absolument comme si l'effet était mesuré sur l'arbre du volant dans une machine fixe; il doit donc être plus grand que dans les machines citées par M. Coriolis, où il n'est mesuré qu'après l'intermédiaire de machines hydrauliques ou autres, qui souvent absorbent à elles seules la plus grande partie de la force; cette méthode d'évaluer l'effet probable pour les machines locomotives est donc véritablement peu concevable, et l'on ne peut que s'étonner de la facilité avec laquelle la commission a admis l'opinion précitée comme donnée moins contestable que celles que je déduis de faits dont l'authenticité est généralement admise.

Il faut convenir cependant que l'auteur du livre cité dit que son opinion est fondée sur celle de Wood, et l'effet de ce nom sur la commission semble réellement magique.

J'ai peine à m'expliquer, je l'avoue, cet asservissement aveugle à l'opinion de Wood, que chacun reconnaît avoir écrit très-légèrement sur bien des points, et dont un ouvrage récent, publié par ordre de l'administration, pour l'instruction des élèves, a déclaré les formules fausses, sans avoir pris seulement la peine de le démontrer; mais puisque la commission a tant d'égards pour l'opinion de cet auteur, comment n'at-elle pas médité sur cette phrase écrite par lui, en achevant sa dernière édition?

« Chaque nouvelle machine semble supérieure à celle qui la précède, et » au milieu de ces progrès successifs, on ne saurait adopter aucune évalua- » tion sans courir le risque d'être bientôt démenti par l'expérience. »

Et dans le moment même où il traçait ces mots, l'enclume retentissait sous le poids du lourd marteau qui forgeait les essieux de la machine le Samson, de laquelle date une ère nouvelle pour le service des chemins de fer.

Et c'est cinq ans après que l'on vient s'appuyer sur les opinions antérieures de Wood, sans se donner la peine d'examiner quelle a été la marche de ces progrès successifs, qu'il peignait avec tant de vérité, et dont l'observation, pourtant, paraissait le seul but du voyage fait en Angleterre.

Mais voici *la Revue d'Édimbourg* qui vient offrir des résultats propres à ébranler la foi la plus robuste; car la machine la Victoire est du même poids et des mêmes dimensions que celles de Roanne, sur l'une desquelles ont eu lieu la description et les calculs de l'ouvrage périodique précité; le piston seulement, de la Victoire, est plus petit, et sa force devrait être moins grande, en suivant le même mode de calcul; et cependant nous avons vu plus haut, qu'en marchant à 7 lieues à l'heure, elle a développé une puissance égale à 60 chevaux, au lieu de celle de 29 que la commission lui attribue, puissance qui aurait pu être encore plus grande, en marchant à moindre vitesse. Et, d'autre part, la consommation de charbon a été moindre que ne l'a supposée l'auteur de la description; il la compte, dans ses calculs, pour 287 kilogrammes par heure, et nous avons vu ci-dessus qu'il n'en a été brûlé que 266 kilogrammes dans l'expérience de la Victoire.

Ainsi, l'effet pratique s'élèverait au-dessus des $\frac{2}{3}$ de l'effet théorique, et la commission refuse de m'en accorder la moitié; il est de 70 pour 100, et l'on veut me réduire à 33, parce que c'était, il y a cinq ans, l'opinion de l'auteur Wood.

Je vous prierai de remarquer ici, messieurs, un fait qui est encore de quelque importance; vous voyez la machine le Samson qui, avec un piston de 14 pouces de diamètre, présente son *maximum* d'effet de 70 chevaux pour la vitesse de 3 lieues et $\frac{1}{2}$ à l'heure, et ledit effet décroissant, de sorte qu'il n'est plus que de 64 chevaux avec la vitesse de 6 lieues, et ne serait pas plus de 60 avec la vitesse de 7 ; et, pour cette même vitesse de 7 lieues, vous voyez la machine la Victoire produire le même effet de 60 chevaux avec un piston de 11 pouces dont la section n'était ainsi que les $\frac{3}{5}$ de celle du piston de 14 pouces, la course étant d'ailleurs la même, et sans que la pression dans la chaudière puisse, dans l'un et dans l'autre cas, s'élever au-delà de 50 par pouce carré, et la roue du Samson ayant moins de diamètre, il a dû dépenser proportionnellement plus de vapeur pour la même vitesse, ce qui équivaudrait à un diamètre encore plus grand du piston avec des roues de même grandeur.

Ces faits, messieurs, confirment le principe d'après lequel j'ai proposé l'emploi des machines spéciales, pour chaque vitesse, et dans lesquelles les pistons devraient être d'autant plus petits que l'on voudrait aller plus vite. La commission a trouvé que le principe est *théoriquement vrai*. On peut dire, d'après les expériences de la *Revue*, qu'il l'est aussi pratiquement.

Vous remarquerez, messieurs, que je déduis de nombreuses conséquences du simple narré de deux épreuves qui pourtant n'ont exigé ni grands frais, ni grande fatigue ; il n'a fallu que quelques heures des soins d'un observateur judicieux, et pour tout instrument qu'une montre ; et vous jugerez, d'après cela, combien il est à regretter que l'on n'ait pas encore cherché à trouver chez nous-mêmes les renseignemens que je suis forcé d'emprunter aux ingénieurs anglais ; les deux épreuves que j'ai citées auraient pu même donner encore une instruction plus grande, si l'on avait eu soin de constater le volume d'eau évaporisé dans le trajet, et peut-être cette vérification a-t-elle été faite et omise seulement dans le rapport, car elle n'offrait pas plus de difficultés que les autres observations ; il eût été aussi à désirer que l'on eût fait connaître avec quelles charges et quelles vitesses les machines ont passé le plan incliné de Rainhill.

Vous reconnaîtrez, messieurs, sans doute, qu'il serait fort utile de répéter et multiplier ces expériences, afin d'obtenir des moyennes qui seraient alors incontestables ; il faudrait, je crois, par exemple, sur la partie de plaine du chemin de St.-Etienne à Roanne, qui a près de 3o,ooo mètres de longueur, constater toutes les circonstances du mouvement, par rapport aux machines (en les employant alternativement toutes les trois), et par rapport aux waggons, et au chemin dans vingt voyages consécutifs, aller et retour ; ce pourquoi, MM. les directeurs du chemin ont offert toutes les facilités que l'on peut désirer. Pour faire utilement ces épreuves, il suffirait, après avoir d'abord soigneusement vérifié le profil du chemin, et établi des repères bien visibles à tous les changemens de pente, de constater exactement le poids de chaque convoi descendant, et il faudrait, pour la remonte, qui se fait à vide, afin d'y employer la force de la machine, placer dans les waggons, à chaque retour, 8 à 10 mètres cubes de pierres ou de sable qui seraient utilement employés ; on aurait ainsi, par vingt voyages, une observation égale à celle du parcours entier d'une ligne de Marseille au Hâvre ; on ne pourrait plus dire alors que l'on ignore ce qui doit avoir lieu dans un pareil trajet ; on connaîtrait le montant réel des frais, pour le transport d'une tonne de l'une à l'autre des mers, et il ne faudrait que bien peu de jours pour obtenir ces résultats. On pourrait ensuite, à loisir, faire des épreuves plus scientifiques afin de démontrer, par le moyen d'une théorie, ce qu'on aurait appris par les faits.

(31)

Les épreuves que je propose, d'abord se feraient sans aucun dérangement du service habituel du chemin, et comme les jours de dimanche, il ne se transporte pas de marchandises, on pourrait les mettre à profit pour faire varier les charges et les vitesses, et obtenir par là des renseignemens nouveaux; mais les plus utiles de tous, pour pouvoir indiquer la dépense d'un long trajet, sont de connaître exactement l'effet d'un travail journalier.

Pour compléter en pierres ou sables, la charge des convois à la remonte, il y aurait vraisemblablement à payer à l'entrepreneur des transports environ 3 fr. par mètre cube, tous frais compris, ou 30 fr. par voyage; et pour 20 voyages 600 fr., et en consacrant une autre somme pareille pour des observations diverses, on pourrait en très-peu de jours apprendre tout ce qui est d'utilité première pour le service d'un chemin de fer.

En attendant que l'on ait à ce sujet des documens authentiques, nous pouvons toujours tirer quelques lumières de ce qui se fait de notoriété publique, sur ce chemin de Saint-Étienne à Roanne, sous les yeux de la commission chargée par M. le directeur général de lui fournir des renseignemens sur les objets qui nous occupent.

Je ne parlerai plus en ce moment des expériences déjà citées dans le mémoire, vu qu'on les traite de cas exceptionnels; mais, je dirai, d'après la déclaration positive que m'ont faite MM. les directeurs du chemin de Saint-Étienne à Roanne, quel est le service régulier, constant pour les transports de toute nature, sur la partie de ce chemin où l'on a pu admettre les machines locomotives, partie dont j'ai déjà dit que la longueur en plaine est d'environ 30,000 mètres.

La même machine conduit les voyageurs et marchandises, vu qu'il n'y a pas suffisamment de voyageurs pour faire un convoi séparé; et, pour satisfaire autant que possible aux besoins des deux services, la vitesse de 6 lieues est celle qui a été adoptée. Les transports s'exécutent ainsi en vertu d'un marché authentique entre la compagnie et un entrepreneur qui, avant de souscrire le traité, avait lui-même dirigé longtemps les convois pour le compte de la compagnie, qui connaissait le pouvoir des machines, et qui assurément n'a pas traité à perte.

Avec cette vitesse de 6 lieues, la charge ordinaire du convoi est actuellement de 25 waggons, portant du charbon et des fers du poids
moyen de 4 tonn. 2 quint. 105 tonn.

Il y a de plus une diligence de voyageurs de.   6

Plus la machine et son fourgon.   12

                            Total. . . . . 123 tonn.

Cette charge est traînée avec la vitesse de 6 lieues à l'heure, sur une
pente qui varie de 7 à 15 dix millièmes, et que MM. Mellet en Henry
évaluent, en moyenne, à 1 millième. Supposant dans le service ordinaire
le coefficient des frottemens = 0,005, la somme du coefficient et de la
pente sera ici 0,004, et la force moyenne de traction qui fait mouvoir le
convoi 492 kil. Ce nombre, multiplié par la vitesse de 6 lieues, ou
$6^m,6$ par seconde, donne un résultat de 3,247 kil. portés dans une seconde à un mètre, ce qui correspond à 43 forces de chevaux.

La consommation moyenne de charbon étant de 200 kil. par heure,
et le nombre de tonnes en poids net 80 tonn., on trouve pour le charbon brûlé par tonne et par kilomètre 0 kil.,10 de même que par le
Samson; mais il faut observer ici que l'on marche en descendant une
pente d'un millième; cette quantité de 200 kil. n'a pas été vérifiée d'ailleurs avec exactitude.

Le service se fait alternativement sur ce chemin par trois machines
qui ne sont pas exceptionnelles puisqu'elles sont les seules employées;
qui toutes ont exactement des dimensions semblables, sans avoir cependant toutes les trois la même puissance, leur exécution n'étant pas également parfaite, et qui sont presque entièrement pareilles à la Victoire;
le produit ci-dessus indiqué est le *minimum* quand il y a suffisamment
de marchandises à conduire, c'est l'effet journalier. L'une des machines
a traîné 40 waggons, et alors plus de 180 tonnes, et la dernière en a
traîné 50, ou environ 220 tonnes. La puissance qu'elle exerçait alors
avec une vitesse que je suppose de 4 lieues et demie aurait été de 59 chevaux, semblable au *maximum* trouvé ci-dessus à la Victoire.

Ainsi, ce que nous voyons en France, sur le seul point où l'on ait
encore pu établir un service régulier par machines locomotives, vient

pleinement confirmer ce qu'apprend la *Revue d'Édimbourg*; les machines semblables à la Victoire et à celle de Roanne doivent donc maintenant être admises comme étant de force ordinaire, et à plus forte raison ne doit-on pas rejeter celle de mes tableaux, dont la puissance n'est supposée que les $\frac{2}{3}$ avec les mêmes dimensions.

C'est surtout, pour les transports rapides où le poids total du convoi diminue nécessairement à mesure que la vitesse augmente, qu'il importe beaucoup d'avoir des machines puissantes; cela serait déjà vrai, lors même que par l'accélération du transport elles ne perdraient pas de leur puissance absolue, puisque le convoi total diminuant, et le poids de la machine et du fourgon, qu'il faut toujours en retrancher, restant le même, l'effet utile sera d'autant plus tôt réduit à rien que le poids de la machine sera plus grand, par rapport au poids total, ce qui a lieu évidemment dans les machines de faible force; mais cette vérité devient encore plus frappante lorsque l'on considère que la puissance même diminue à mesure que la vitesse augmente, ainsi que je l'ai indiqué dans mes tableaux, et que je l'ai fait voir plus haut par les épreuves de la Victoire; d'où résulte une double raison qui force à diminuer le convoi lorsque la vitesse augmente, et double raison également pour désirer que le poids de la machine soit plus faible en proportion de ce convoi, et que, par conséquent, la machine soit de plus grande force, ce qui ne doit avoir de limites que dans la puissance des rails pour supporter le poids des machines; c'est ce qu'ont bien reconnu les Anglais : aussi voyons-nous, dans le rapport du dernier semestre de 1834, que les directeurs du chemin de Liverpool, après avoir déjà remplacé beaucoup des premières machines, reconnaissant l'avantage de celles d'une grande puissance, demandent à la compagnie d'employer encore des fonds considérables pour remplacer toutes celles qu'ils jugent faibles; et si Wood écrivait dans le moment actuel, il serait sûrement du même avis.

A l'appui de cette opinion de MM. les directeurs du chemin de Liverpool, j'en produirai, messieurs, encore une autre remarquable, surtout dans la circonstance présente, et que vous n'hésiterez pas d'admettre aussi dans la balance en contre-poids de l'ancienne opinion de Wood.

Cette opinion, messieurs, a été présentée à vous-mêmes le 21 mai dernien, dans un tableau comparatif des frais de traction, pour le chemin de Paris à Versailles, par un ingénieur en chef qui est de plus l'un des membres de la commission, signataire du rapport que nous examinons. Cet ingénieur admet, pour base de ses calculs, une machine qui pourra traîner, avec une vitesse de 8 lieues à l'heure, un convoi de 180 voyageurs sur le chemin qui, dans son projet, serait le plus généralement en pente de 0,005, et qui, dans un autre projet que l'on met en opposition au sien, aurait des pentes de 0,0075 ; il suppose que les 180 voyageurs et leurs bagages seront portés par 10 voitures, soit dans l'un, soit dans l'autre projet ; voitures à peu près semblables, dès lors, à celle de nos messageries, et dont le poids total, compris le waggon, proprement dit, la caisse de la voiture et les 18 voyageurs qui seront dedans ainsi que leurs bagages, ne peut pas être moindre de 3 tonn. 2, ou 32 tonneaux pour les 10, et en ajoutant à cela 12 tonneaux pour la machine et son fourgon, nous trouverons que le convoi sera de 44 tonnes.

D'après les évaluations de mon mémoire, il n'y aurait que 5 voyageurs des deux classes réunies pour chaque tonne brute de convoi ; le nombre de 180 voyageurs produirait donc 36 tonnes, et le convoi devrait être de 48. Je le conserverai cependant de 44, l'hyppothèse étant plus favorable à l'opinion que je combats.

La somme du coefficient et de la rampe sera, sur la rampe, de 0,005, 0,01 ; l'effort de traction sera donc de 440 kil., lequel, multiplié par 8^m8, vitesse du transport par seconde, produit 3872 kil. portés dans une seconde à 1 mètre, nombre qui, divisé par 75, donne $51\frac{1}{3}$ pour l'expression, en force de chevaux, de la puissance de la machine marchant à vitesse de 8 lieues ; vitesse avec laquelle je ne compte plus la mienne pour 23 chevaux, dans le système des machines communes ; je lui rends à la vérité sa puissance de 53 chevaux, par le système des machines spéciales, mais je ne pense pas que l'auteur du tableau comparatif ait si promptement voulu adopter, à cet égard, l'innovation que j'ai proposée.

Dans le cas de la rampe de 0,0075, le nombre $51\frac{1}{3}$ doit s'augmenter d'un quart, et la machine devra être de 64 chev. 6, et cela pour un service journalier à vitesse de 8 lieues à l'heure.

Ainsi cet ingénieur admet des machines, non pas seulement égales à celle que j'ai supposée, ni aux machines du chemin de Roanne, ni même à la Victoire, mais plus fortes encore que le Samson, qui n'a montré cette force de 64 chevaux que pour une vitesse de 6 lieues, et qui, pour celle de 8, ne serait assurément pas de 60.

Pour ne pas dépasser le nombre de 18 chevaux, *maximum* de ce que la commission propose de m'accorder, et en supposant même que la force entière de 18 chevaux dût se trouver à 8 lieues à l'heure, c'est-à-dire que la machine fût disposée selon mon système de machines spéciales, l'effort de traction ne serait que de 150 kil. pour cette vitesse de 8 lieues, où l'on vient de voir que le convoi en exigerait, selon le premier projet, 440, et selon le second 550.

La machine seule, que je supposerai réduite avec son fourgon, à 10 tonnes, absorberait 100 kil. de l'effort, sur la rampe de 0,005. Elle ne pourrait donc agir qu'avec un effort de 50 kil. et traîner qu'une seule voiture, du poids total de 5 tonnes. Ce sont des voitures de poids que je suppose dans mon mémoire pouvoir porter 25 voyageurs des deux classes réunies; admettons qu'il y en ait 30, il faudrait encore 6 machines pour traîner les 180 voyageurs sur la ligne du projet de l'auteur du tableau comparatif. Je crois qu'il a raison de ne pas adopter à cet égard l'opinion de ses collègues de la commission, de ne pas employer des machines aussi faibles, mais je crois que la sienne est trop forte; on n'en a pas fait une seconde aussi puissante que le Samson, on ne doit donc pas encore en admettre de plus grande force; je lui conseillerais le juste milieu, et d'en employer trois au lieu de 6, le poids total de chaque convoi, pour la rampe de 0,005, serait alors de 23 tonnes, dont 12 pour la machine et fourgon, et 11 pour deux voitures qui contiendraient chacune 30 voyageurs; et la puissance de chaque machine devrait en conséquence être de 27 forces de chevaux, pour cette vitesse de 8 lieues, où je ne l'admet que de 23 dans le système des machines communes.

L'effort de traction de ces machines serait de 230 kil. et sur la rampe de 0,0075; elles ne pourraient plus monter que 18 tonnes au lieu de 23, et déduisant le poids de la machine et du fourgon, il ne resterait que

6 tonnes, pour le poids d'une grande voiture qui porterait de 33 à 36 voyageurs.

Je viens de présenter, messieurs, un calcul bien simple, et que je crois incontestable pour faire voir que la machine admise par l'auteur du tableau comparatif est, pour son projet de Versailles, de la force de 51 chevaux 2/3, et pour le projet opposé de la force de 64 chevaux 6/10, selon les bases posées par la commission ; pour l'évaluation des forces ; mais je dois aussi avouer qu'il peut exister quelque doute que cet ingénieur ait voulu réellement la proposer aussi forte, et peut-être a-t-il fait erreur en calculant la résistance qui est à vaincre.

En effet, j'ai remarqué dans le même tableau comparatif, qu'après avoir énoncé la vitesse du transport, qui doit être partout de 8 lieues à l'heure, les longueurs à parcourir sur des lignes diversement inclinées, et les hauteurs totales à monter, il indique des *longueurs horizontales modifiées*, qu'il obtient en multipliant par 200 les hauteurs, et ajoutant les produits aux longueurs ; il calcule ensuite les dépenses à faire sur les chemins en pente comme s'il s'agissait de parcourir horizontalement les *longueurs horizontales modifiées*.

C'est-à-dire que sans aucun égard, ni à la puissance de la machine, ni à son poids, ni à la vitesse du transport, ni à la raideur de la rampe ou des rampes et contre-pentes variées qui peuvent exister sur le chemin, il serait vrai que pour connaître la somme des dépenses à faire pendant tout le trajet pour la traction d'un convoi, il suffirait d'ajouter à la longueur totale de la ligne à parcourir 200 fois la plus grande hauteur que l'on aurait à surmonter, ce qui donnerait une nouvelle ligne que l'on pourrait alors regarder comme horizontale ; procédé qui aurait l'avantage d'être à la vérité fort simple, mais qui a l'inconvénient de conduire aux erreurs les plus incroyables. C'est ce principe, messieurs, qui peut avoir des conséquences si graves, puisqu'il paraît avoir guidé l'auteur dans la rédaction de tous ses projets, principe qui est si opposé aux miens, et qui me paraît si loin de la vérité, que je crois indispensable de l'examiner un instant devant vous ; je vais le faire en peu de mots, et sans autre artifice d'analyse que les premières règles d'arithmétique ; c'est en le suivant dans ses applications que je vais en démontrer l'erreur.

Si le principe était vrai, il devrait indistinctement convenir à toutes les inclinaisons du chemin, or, en supposant par exemple, que la montée soit égale au dixième de la longueur, ainsi que M. Devilliers l'a proposé pour une petite partie de son projet de Paris à Versailles, on trouverait qu'il faut calculer la puissance comme pour une ligne horizontale 21 fois plus grande, ou que la puissance étant constante, pourrait traîner sur la ligne en pente la vingt-unième partie de ce qu'elle conduirait en plaine; or, vous savez parfaitement, messieurs, que sur une semblable inclinaison, une machine, quelle qu'elle soit, ne peut pas se remonter elle-même, elle ne peut par conséquent remorquer ni la vingt-unième, ni la millième partie du convoi qu'elle conduirait sur la ligne horizontale, donc ici la règle est déjà fausse.

M. Devilliers, que je viens de citer, n'avait pas commis l'erreur d'appliquer ce principe à son Projet; il proposait l'emploi d'une machine fixe qui, étant supposée de même force, pourrait effectivement monter sur ce plan incliné au dixième, et avec la même vitesse, la vingt-unième partie de ce qu'elle conduirait en plaine, le coefficient des frottemens étant 0,005, et abstraction faite du poids de la corde; mais il diminuait la vitesse et la réduisait à 2 lieues à l'heure, pour cette petite partie du trajet, qui n'aurait eu qu'un quart de lieue, et faisait remonter à sa machine fixe de 25 chevaux une seule voiture, du poids de 5 tonn. $\frac{1}{2}$. On regrettera, peut-être, d'avoir abandonné ce moyen, qui pouvait conserver les autres parties du chemin presque entièrement horizontales et qui, bien certainement, aurait offert la voie de transport la plus économique, et peut-être même la plus sûre, les marchandises, conduites la journée, avec les voyageurs, sur les lignes horizontales, pouvant, afin d'enlever toutes inquiétudes, se remonter la nuit, par une machine plus puissante, et se descendre également lorsqu'il n'y aurait pas de voyageurs sur le chemin, ou bien être conduites par une voie entièrement séparée.

M. Devilliers fait observer avec raison qu'on doit beaucoup moins craindre de voir casser le câble qui ne monterait jamais qu'une seule voiture, et dont la force serait calculée pour une résistance trois fois plus grande, que de voir casser les traits d'une de nos messageries, puisque, sur le chemin de fer, la résistance est uniforme ; tandis qu'elle est extrêmement variable sur les routes, et que de plus la voiture peut y être suivie, en montant, de ce que M. Devilliers appelle une béquille, et qui devrait plutôt se nommer un sabot de reculement, moyen bien éprouvé en Angleterre, et qui arrête sur-le-champ les waggons, lorsque l'on détache le câble ; et quant à la descente, un moyen également simple est de faire suivre la voiture par un traîneau qui porte sur le sol même, entre les rails, et dont on règle la charge à volonté, et à l'aide duquel, joint au frein ordinaire, on est maître de fixer la vitesse.

Je n'ai considéré ci-dessus le principe de l'auteur du tableau comparatif, qu'en ce qui concerne la pente ; si maintenant nous l'examinons sous le rapport de la vitesse, nous trouverons le même résultat, c'est-à-dire la règle fausse.

Supposons que l'inclinaison soit celle du projet de l'auteur du tableau $0^m,005$ par mètre, et dès lors, la somme de la rampe, et du coefficient des frottemens $0,01$, et admettons une machine dont le poids soit de 10 tonnes avec son fourgon, que la vitesse soit de 12 lieues à l'heure, ou $13^m,2$ par seconde, et qu'avec cette vitesse la machine soit capable d'un effort de traction de 100 kilo., sa puissance sera représentée, pour la situation décrite, par 1320 kilo. transportés à 1 mètre en 1 seconde, nombre qui divisé par 75 donnerait une force de 17 chevaux $\frac{6}{10}$, expression de la plus grande puissance admise par la commission. Pour connaître le convoi que cette machine pourrait monter après elle, il faut d'abord déduire de son effort de 100 kilo. celui qu'elle doit exercer pour se transporter elle-même et son fourgon ; or, son poids étant de 10 tonn. et la somme de la rampe et du coefficient $0,01$, la résistance qu'elle opposera elle-même à son mouvement sera de $\frac{1}{100}$ de 10 tonnes, ou 100 kil., c'est-à-dire la force entière, et dès lors il restera zéro pour tirer le convoi qui sera donc aussi zéro. Cependant, l'effort de 100 kil. pourrait traîner horizontalement 20 tonnes, dont 10, poids de la machine, et 10 de convoi, et selon le principe que je combats, on trouverait que la même puissance doit pouvoir monter la moitié de ce même convoi, ou 5 tonnes, donc la règle est toujours fausse.

Mais, dira-t-on peut-être, l'indication donnée ne concerne que la vitesse de 8 lieues, voyons donc encore ce qui arriverait en admettant cette vitesse, et le reste comme précédemment.

La machine pour être toujours de la force de 18 chevaux, avec la vitesse de 8 lieues (et ce ne serait plus la même que pour 12) devrait pouvoir exercer un effort de traction de 150 kil. et pour se conduire elle-même, elle absorberait toujours 100 kil. de cet effort sur la rampe de 0,005 et 50 kil. seulement sur la ligne horizontale; il resterait ainsi disponible pour monter le convoi sur la rampe de 0,005 un effort de 50 kil. lequel pourrait traîner 5 tonnes; mais sur le chemin horizontal, il resterait 100 kil. pour remorquer le convoi, qui pourrait être ainsi de 20 tonn., la machine ne monterait donc sur la rampe de 0,005, que le quart de ce qu'elle traînerait en plaine; or, selon le principe énoncé au tableau comparatif, elle devrait en monter la moitié, donc la règle est encore fausse; et si l'on voulait savoir à quel moment elle pourrait devenir exacte, on trouverait que c'est seulement quand la vitesse est infiniment petite; or, ce n'est pas pour cette hypothèse que nous avons eu mission de projeter des chemins de fer.

Toute l'erreur de l'auteur provient de ce qu'il a cru pouvoir appliquer aux machines locomotives la théorie des machines fixes, et encore en y faisant abstraction du poids et du frottement de la corde.

C'est cependant un semblable principe qui vous a été sérieusement présenté, messieurs, dans le tableau comparatif dont je parle, que vous avez failli admettre de confiance, et qui a presque déterminé un jugement de votre part.

Il ne faut pas s'abuser sur le travail qui est nécessaire pour comparer entre eux des projets de chemin de fer, aucune méthode abrégée n'y conduira exactement; dans le cas que l'on vient d'examiner, au lieu de multiplier la hauteur par 200, il faudrait la multiplier par 600, et encore le résultat ne serait-il vrai qu'en supposant la pente uniforme sur toute la longueur; mais ce nombre même ne conviendrait plus à d'autres hypothèses de pentes, de vitesses, ou de forces des machines.

Il faut de toute nécessité, si l'on veut faire des évaluations qui ne soient pas erronées, des comparaisons qui ne soient pas illusoires, se placer au départ d'une des extrémités de la ligne, avec un convoi de 5oo tonnes, le suivre dans tout son cours, en allant et en revenant, sur les lignes diversement inclinées; et évaluer séparément sur chaque point la dépense que nécessitera le passage, selon les irrégularités que le chemin pourra offrir, et les moyens extraordinaires qu'il sera nécessaire d'employer; et réunissant pour les divers projets toutes les dépenses particlles, on aura des totaux qui indiqueront le rapport cherché : c'est pour faciliter ce travail que j'avais rédigé les tableaux de la locomotion qui, lors même qu'on pourrait y contester le chiffre des évaluations, fourniraient toujours le rapport que l'on désirerait, rapport qui serait variable selon la vitesse que l'on adopterait dans les calculs, et qui changerait aussi en changeant la force des machines. C'est-à-dire que tel système de chemin sera trouvé le meilleur pour la faible vitesse et ne conviendrait pas pour la grande (c'est ce qui a lieu par exemple sur les chemins de Saint-Étienne à Givors et à Andrizieux).

On trouverait aussi que l'erreur de l'auteur du tableau comparatif dont nous avons parlé, aurait paru moins grande si la machine eût été supposée plus forte que 18 chevaux; mais j'ai dû calculer sur les données de la commission dont il est membre.

Je n'en persiste pas moins à soutenir, comme étant la plus convenable, dans l'état actuel de nos connaissances, la machine telle que je l'ai admise dans le calcul de mes tableaux de locomotion pour le poids et les dimensions principales, c'est-à-dire semblable à celles de Roanne et à la Victoire, et dont j'ai l'intime couviction que l'on obtiendrait un effet plus grand de moitié que celui qui est indiqué dans ces tableaux, puisque les machines précitées le donnent dans cette proportion, et que le calcul théorique n'a présenté un produit moindre pour la mienne qu'en supposant une consommation de charbon et une production de vapeur moindres qu'elles ne paraissent être actuellement dans ces machines, et des pertes peut-être aussi trop grandes; on ne peut donc qu'augmenter au lieu de diminuer la force que j'ai attribuée à la machine.

Rapport du frottement au poids de la machine.

La seconde objection faite à mes évaluations porte sur l'effort de traction, que j'admets pouvoir être habituellement égal au treizième du poids de la machine; on prétend que je le suppose trop grand, attendu, dit-on, *que les auteurs anglais ont admis que la moyenne ne devait pas être de plus d'un vingtième.* Je vois effectivement cette indication dans Wood; mais je lis dans Tredgold, qui a fait aussi des expériences, que la résistance du frottement peut s'élever jusqu'au sixième du poids; il conseille néanmoins de s'arrêter *pour la pratique* au douzième, et je suis au-dessous de ce nombre; mais si je m'en tiens ici à l'opinion de Tredgold, ce n'est pas en raison de ce qu'il est auteur anglais, c'est parce que je la vois confirmée par de nombreuses épreuves faites ailleurs que dans le cabinet.

J'avais cité sommairement dans la note deuxième du mémoire, croyant cette indication suffisante, l'expérience de 1831 sur la machine le Samson, rapportée par M. Moreau, où l'on voit le frottement égal au huitième du poids de la machine. Les articles de M. Biot que mentionnent la *Revue d'Édimbourg*, au sujet de la machine la Victoire, la note sixième du huitième chapitre de Wood, où déjà l'on voit indiquées des machines, qui dans un service régulier exercent un effort qui s'élève au delà du douzième de leur poids, la commission a trouvé toutes ces données contestables, et je ne sais à quel caractère distinguer ce que l'on peut regarder comme certain; je vous engagerai cependant, messieurs, à porter de nouveau les regards sur le tableau détaillé que j'ai présenté ci-dessus, d'après la *Revue d'Édimbourg*, ouvrage estimé en Europe, et auquel on accorde généralement une confiance que semble particulièrement mériter la relation des épreuves faites sur les deux machines la Victoire et le Samson, épreuves dans lesquelles tout indique que l'on a apporté les soins les plus minutieux; vous voyez la Victoire agissant dans sa grande vitesse sur les parties horizontales, avec un effort du treizième du poids porté sur les roues qui travaillent, et du neuvième en montant à vitesse de 7 lieues à l'heure, et le Samson, de même qu'en 1831, avec un effort du huitième de son poids total en marchant à faible vitesse, et sans que les roues aient glissé dans le plus grand effort qui a été soutenu sur plusieurs milles.

Mais laissons en ce moment l'Angleterre et revenons au chemin de Roanne, où nous pouvons chaque jour vérifier les faits indiqués. J'ai cité, dans une note du mémoire, l'effort de traction de 711 kil., à peu près le onzième du poids, observé sur l'une des machines de ce chemin. Le tableau des expériences indique un autre effort de 918 kil. que je croyais devoir écarter, présumant qu'il y avait eu vitesse acquise par la machine et le convoi, antérieurement à leur montée sur le plan incliné; MM. Mellet et Henry m'ont assuré que la machine était partie de l'état de repos à quelques pas seulement du commencement de la rampe, et que la même expérience avait été plusieurs fois répétées, et toujours avec le même succès; le frottement était alors le neuvième du poids, ce qui s'accorde avec les résultats obtenus sur la Victoire et le Samson.

Portant après cela les regards sur le service régulier de ce chemin, nous verrons, comme je l'ai déjà dit plus haut, les trois machines uniques de ce service traîner journellement des convois de 123 tonnes sur une pente moyenne de $0^m,001$, ce qui produit pour l'effort de traction 492 kil. seulement, parce que la vitesse est de 6 lieues à l'heure; il faudrait que le nombre de 25 waggons du convoi ordinaire fût élevé à 30 pour que l'effort de traction fût de 600 kil. comme je le suppose dans mes tableaux pour la faible vitesse; mais j'ai dit également que lorsqu'il y a abondance de marchandises, on porte le nombre des waggons, non-seulement à 30, mais à 40. Le poids total du convoi est alors au moins de 180 tonn. et l'effort de traction 730 kil., ou plus du onzième du poids de la machine, et personne ne saurait douter que si l'on voulait ralentir la vitesse, on ne conduisît constamment et sans difficultés le convoi de 30 waggons sous l'effort de 600 kil.

MM. Mellet et Henry m'ont également assuré qu'il arrive souvent que, voulant changer de voie, la machine fait rétrograder les convois qui alors remontent au lieu de descendre, et, dans ce cas, la somme du coefficient et de la rampe étant $0^m.006$, la force de traction est de 123 kil. $\times 6 = 738$ kil., en supposant le plus faible convoi.

Nous voyons enfin que sur le chemin de Givors à Lyon, depuis que l'on a adopté le système du tirage au moyen de l'injection de la vapeur dans les cheminées des machines, celles-ci, moins pesantes que celles du chemin de Roanne, remontent régulièrement 20 waggons chargés, pesant 4,100 kil. chacun, ce qui produit 82 tonn., lesquels, réunies au poids de la machine et du fourgon, que je suppose de 11 tonn., forment un total de 93 tonn.; or, la pente générale est de 0,0005 en montant, et le chemin très-sinueux; la somme du coefficient et de la rampe ne peut donc pas être moins de 0,0055, et l'effort de traction moins de 511 kil.; mais on sait, et M. Biot, l'un des gérans du chemin, nous l'apprend lui-même dans son livre, qu'il y a sur cette ligne différens passages assez longs où la rampe s'élève jusqu'à 0,002; alors l'effort de traction est de 650 kil., et cependant les machines sont moins pesantes que celle sur laquelle je me suis basé pour le calcul de mes tableaux.

J'invoquerai enfin l'opinion de l'auteur du tableau comparatif précité, qui admet pour le chemin de Versailles un effort de traction de 550 kil. avec vitesse de 8 lieues à l'heure, et qui ne voudra pas dès lors, avec la commission, me réduire à 400 pour la vitesse de 4 lieues et à 200 pour la vitesse de 6; il ne me refusera pas celui de 660 kil. pour la vitesse de 4 lieues, et je crois l'avoir suffisamment justifié.

Prix de l'heure du travail.

Il ne me reste plus maintenant qu'à examiner l'objection relative au prix de l'heure de travail que j'ai supposée de 24 fr. pour la vitesse moyenne de 6 lieues à l'heure, le réduisant à 20 fr. pour la vitesse de 4 lieues, et le portant à 28 fr. pour celle de 8 lieues à l'heure.

Le rapport de la commission dit simplement que ce prix doit être porté à 45 fr. par heure, sans distinction de vitesses, mais ne donne aucuns détails pour baser cette évaluation.

J'avais cité M. Biot, l'un des gérans du chemin de St.-Etienne à Lyon, qui, dans l'ouvrage intitulé, *Manuel de chemins des fer*, ne porte qu'à 37 fr. pour une journée de 8 heures de travail effectif le montant total des dépenses, et M. l'inspecteur Devilliers, président de la commission, qui, dans le mémoire récemment publié pour son projet de chemin entre Paris et Versailles, porte la même dépense à 64 fr. par jour, également de 8 heures pour des machines à la vérité plus légères; mais trouvant ces évaluations trop faibles, et sachant combien on tient aux rapproche-mens avec ce qui se fait en Angleterre, j'avais admis le prix de 24 fr. par heure comme étant une moyenne déduite de deux années du travail des machines sur le chemin de Liverpool, chemin où l'on peut dire qu'il a été fait des dépenses énormes en ce genre par les essais continuels pour l'amélioration du système, et où, d'ailleurs, voulant une vitesse moyenne de 8 lieues à l'heure, on est forcé de l'avoir de plus de 10 dans les parties qui vont en descendant; et c'est une chose dont conviennent tous les in-génieurs du chemin, que cette extrême vitesse est la cause des plus grandes détériorations et des grandes dépenses d'entretien, soit des ma-chines, soit des waggons mêmes et du chemin.

Ce serait donc ce chemin de Liverpool que l'on devrait considérer comme exceptionnel; j'admettais néanmoins ce prix moyen de 24 fr. pour une position moyenne d'un chemin de fer en France, comptant à 2 fr. 50 c. la valeur de 100 kil. de coke, prix à la vérité plus élevé qu'il n'est en Angleterre, mais aussi beaucoup d'autres dépenses seraient bien moins fortes en France.

Je ne m'attendais pas à être contredit sur ce point, regardant ce prix moyen de 24 fr. comme au delà de la réalité; la commission indique celui de 45 fr. sans en assigner aucune base. On ne cite plus ici d'auteurs anglais. Je vais donc encore rentrer en France pour examiner ce qui s'y passe à cet égard.

Le service du chemin de fer de Saint-Étienne à Roanne, dans les parties où il a lieu à l'aide de machines locomotives, se fait en vertu d'un marché authentique, d'après lequel l'entrepreneur reçoit, par kilomètre et par tonne de marchandises transportées sur la descente d'un millimè-tre, 0 fr. 01 c. $\frac{3}{4}$; pour ce prix il est chargé, sans rétribution nouvelle, des retours à vide en remontant les waggons, et de toutes dépenses d'en-tretien, excepté le remplacement des pièces principales dont la détérioration ne proviendrait pas de sa négligence ; ce que MM. Mellet et Henry évaluent, d'après leurs livres de dépenses, à $\frac{1}{4}$ de centime par tonne et par kilomètre, et qui porterait à 0 fr. 02 c. la totalité du prix pour un entrepreneur qui serait chargé de tout (compris retour à vide).

L'entrepreneur doit exécuter les transports à vitesse de 6 lieues à l'heure : voyons ce qu'il reçoit par heure de travail effectif, pour produire une quantité d'action qui est de moitié en sus de celle qu'ont supposée mes tableaux.

On peut évaluer le poids net des marchandises et diligences à 80 tonnes, et, supposant l'entrepreneur chargé de tout à raison du prix de 0 fr. 02 c., il recevrait, pour chaque kilomètre parcouru à charge, 1 fr. 60 c., et la vitesse étant de 24 kilomètres par heure, il recevrait, pour le travail d'une heure en descendant et le retour aussi d'une heure en remontant les waggons, 38 fr. 40 c.; on doit ajouter à cela 0 fr. 06 c. par kilomètre, ou 1 fr. 44 c. par heure pour le retour de la diligence qui remonte avec les waggons vides, ce qui porte le prix total à peu près à 40 fr. pour les 2 heures, et revient à 20 fr. par heure de travail effectif pour une machine qui n'a à parcourir qu'une longueur d'environ 80 kilomètres, compris retour, et qui, ne faisant que deux voyages par jour et quelquefois même qu'un seul, éprouve des pertes de temps qui donnent lieu à des faux frais énormes que l'on ne rencontrerait pas dans le service régulier d'une grande ligne.

Dans ce travail, il est vrai, le retour, quoiqu'en montant, n'exige pas absolument le même effort que la descente, mais il n'en résulte qu'une insensible économie de combustible qui, dans cette position, n'est que d'une valeur médiocre.

Il est également vrai qu'au prix de 20 fr. 00 c. il y aurait à ajouter 3 fr. pour la différence de valeur du coke qui ne vaut que 1 fr. les 100 kil. sur le chemin de Roanne, et que j'estime à 2 fr. 50 c. pour former mon prix moyen de 24 fr. Le prix réel, proportionnellement aux marchés du chemin de Roanne, reviendrait donc à 23 fr. pas heure de travail effectif, pour l'emploi d'une machine plus puissante de moitié que celle que j'ai supposée pour le calcul de mes tableaux.

Je pourrais, d'après cela, me croire bien en droit de maintenir, comme

(46)

étant un *maximum*, mon prix de 24 fr. pour la vitesse de 6 lieues, telle qu'elle existe sur le chemin de Roanne; mais j'appuierai encore ici mon opinion de celle du membre de la commission, auteur du tableau comparatif dont j'ai parlé ci-dessus, relatif aux différens projets pour le chemin de Paris à Versailles.

J'ai fait voir que cet ingénieur admet l'emploi de machines deux fois plus fortes que celle qui sert de base à mes calculs, et cependant il n'a porté qu'à 90 fr. 96 c. par jour, et à 11 fr. 37 c. par heure, le prix du travail effectif comprenant tout, même l'entretien des voitures qui porteront les voyageurs, et seulement excepté le charbon, dont il fait un article à part; et il indique ce prix de 11 fr. 37 c. pour la vitesse de 8 lieues, ou (déduction faite également du charbon), je le porte à 23 fr., c'est-à-dire à plus du double de l'estimation de cet ingénieur.

Si l'on voulait appliquer au chemin de Versailles, pour y calculer la dépense, les bases de la commission, il faudrait multiplier au moins par 10 les prix que le tableau comparatif a portés pour les frais de traction sur ce chemin.

Ce n'est donc pas l'auteur de ce tableau qui a pu me reprocher d'indiquer des prix trop faibles, et j'ai la satisfaction de voir que, relativement aux trois points qui sont contestés dans le rapport, il a admis lui-même des données qui s'éloignent, beaucoup plus que les miennes, de l'avis de la commission; je suis certain, dès lors, qu'il n'y a pas eu unanimité pour l'adoption de cet avis, et j'espère que cet ingénieur, qui vraisemblablement n'a signé le rapport que par déférence pour l'opinion de la majorité, viendra maintenant me prêter son appui, et que, reconnaissant l'exactitude des bases de mes calculs, il acceptera également le résultat de leurs applications.

Le marché authentique, dont j'ai eu l'honneur de vous parler plus haut, relatif aux transports sur le chemin de Roanne, par machines locomotives, peut à lui seul, messieurs, donner une indication précieuse sur la valeur réelle des transports en plaine par un chemin de fer; vous voyez que ce prix, comprenant tous entretiens relatifs à la machine, s'élève à 0 fr. 02 c. par tonne et par kilomètre, l'entrepreneur étant chargé de tous les retours à vide.

Dans ce prix, le charbon entre pour $\frac{1}{10}$ de centime, vu qu'il s'en brûle à peu près $\frac{1}{10}$ de kilogramme par tonne et kilomètre, et que les 100 kilogrammes de coke valent à peu près 1 fr. dans cette localité; en supposant le coke trois fois plus cher, ou à 3 fr. les 100 kilogrammes, prix qu'il vaudrait à Paris, le chemin de fer de Lyon étant fait, les frais de traction pourraient s'augmenter d'environ $\frac{1}{4}$ de centime.

L'entretien des waggons est évalué à $\frac{1}{2}$ centime, sans rien compter non plus pour les retours; celui du chemin s'exécute en vertu d'un marché également authentique, à raison de 22,000 fr. pour la longueur totale du chemin de 68,000 mètres, ou 32 c. $\frac{1}{3}$ par année pour chaque mètre de longueur (prix qui est aussi le même sur le chemin de Saint-Etienne à Andrizieux); la compagnie, il est vrai, reste chargée du remplacement des rails; mais on regarde comme à peu près nulle cette dépense quand les rails sont bien établis.

On peut être bien certain, d'après cela, que s'il se présentait 200,000 tonnes à transporter dans l'un et l'autre sens de la ligne que les machines peuvent parcourir, indépendamment du mouvement actuel des marchandises, et que l'on offrît à la compagnie, pour qu'elle se chargeât de ce surplus de transport, 0 fr. 04 c. par tonne et par kilomètre, elle ne refuserait pas le marché si elle avait le matériel nécessaire pour l'exécuter.

Observez maintenant, messieurs, je vous prie, que c'est à vitesse de 6 lieues à l'heure que les transports se font, sur ce chemin, pour les prix que j'ai indiqués; qu'une telle vitesse serait suffisante pour des voyageurs, étant déjà le double de celle des transports qui se font en poste, et vous reconnaîtrez peut-être qu'il conviendrait de fixer à cette même vitesse de 6 lieues le transport des voyageurs, ainsi que celui des marchandises; ce qui éviterait, d'une part, de nombreuses difficultés que le service peut présenter en admettant des vitesses différentes, et à ce qu'il paraît, d'autre part, les plus grandes causes de détérioration des machines et du chemin, que MM. Mellet et Henry n'attribuent qu'aux vitesses supérieures à 6 lieues; opinion qui s'accorde avec celle que j'ai déjà citée de plusieurs ingénieurs anglais.

Le service serait aussi plus commode pour les voyageurs, car, en admettant exclusivement pour eux la grande vitesse, il ne pourrait y avoir, pour leur transport, qu'un seul ou au plus deux convois partant chaque jour, puisqu'une seule machine, pareille à la Victoire, pouvant avec cette vitesse de 8 lieues traîner en plaine 100 tonnes de poids brut, conduirait 5 à 600 voyageurs ; tandis qu'en adoptant un vitesse uniforme pour l'un et l'autre service, il n'y aurait plus de distinction dans la nature des convois, il y aurait des départs réglés à différentes heures du jour, tant pour les voyageurs que pour les marchandises. Le négociant suivrait ses expéditions, et le nombre des voyageurs serait nécessairement plus grand. Ce mode offrirait encore l'avantage de n'être pas obligé d'employer tout l'effort de traction que permettrait le poids de la machine, et l'on pourrait n'appliquer l'action qu'à une seule paire de roues, comme on l'a vu pour la Victoire.

Il permettrait enfin d'effectuer des transports de nuit, et l'on pourrait gagner ainsi plus qu'on ne perdrait en vitesse ; ces transports de nuit auraient lieu surtout sans le moindre inconvénient, si l'on adoptait la mesure que j'ai proposée d'isoler entièrement les deux voies, de manière à avoir près l'un de l'autre un chemin de Marseille au Havre, et un chemin du Havre à Marseille, ayant chacun leurs gares séparées, et ne pouvant communiquer que par des plateaux tournant pour les cas de nécessité.

Cette disposition donnerait aussi la faculté de transporter sur un même chemin, et sans encombrement quelconque, une quantité de marchandises qui n'aurait aucune limite, puisque l'on pourrait supposer la ligne entière couverte de waggons sans qu'il y eût dérangement dans le service.

En résumé, messieurs, j'ai cherché à vous démontrer, dans les observations qui précèdent, que lors même que toutes les objections du rapport de la commission seraient fondées, contre le contenu de mon mémoire, relativement aux machines locomotives, il resterait toujours constant, la commission n'ayant rien objecté à cet égard, qu'en employant les chevaux pour le transport des marchandises communes, c'est-à-dire de celles que des tarifs élevés repousseraient de la voie des chemins de fer, ce transport pourrait avoir lieu, avantageusement sur ces chemins, en plaine, au prix de o fr. o4 centimes par tonne et par kilomètre, ainsi que je l'ai indiqué dans mon mémoire, et à très-grand bénéfice au prix de o fr. o5 c. Ce qui n'empêcherait pas d'augmenter le tarif pour les marchandises d'une plus grande valeur à l'exception de celles du transit, qu'il conviendrait de favoriser; j'ai fait voir, après cela, que sur le chemin de Saint-Étienne à Roanne, où le service avec les chevaux s'opère à très-bas prix, la compagnie trouve cependant de l'avantage à employer les machines locomotives sur les parties en plaine, ce qui démontre que les transports par machine pourraient également se faire au prix de o fr. o4 à o fr. o5, en maintenant le chemin dans les plaines.

J'ai voulu également établir, qu'en supposant toujours fondés les reproches que la commission m'adresse, en ce qui concerne l'emploi des machines locomotives, et adoptant les bases d'évaluation qu'elle propose de substituer aux miennes, les principes que j'ai développés pour démontrer l'inconvénient d'admettre des contre-pentes ou des pentes variables dans le tracé des chemins de fer, lorsqu'il est possible d'établir ce tracé avec des pentes uniformes et douces, subsisteraient toujours en leur entier et ressortiraient encore plus puissans sous les bases de la commission, et que, dans l'hypothèse presque certaine où par le perfectionnement des waggons on parviendrait à diminuer le nombre qui exprime le coefficient des frottemens, l'avantage du chemin à pentes douces et uniformes croîtrait dans un rapport encore plus grand que la diminution de ce coefficient, d'où résulte un motif de plus pour suivre autant qu'on le peut les plaines. J'ai fait voir après cela combien la vallée de la Seine, entre Paris et Éverly, offrirait à une ligne de chemin de fer des produits qui seraient perdus pour elle, si cette ligne s'élevait par les coteaux traversant la forêt de Sennard, et je conclus, par induction, qu'un effet semblable aurait lieu en suivant toutes les grandes vallées.

Revenant ensuite aux bases de mes évaluations, j'ai également cherché à démontrer que les objections de la commission sont entièrement dénuées de fondement, tant sous le rapport de la puissance de la machine qui sert de base à mes calculs, qu'en ce qui concerne l'effort de traction qu'elle pourra exercer proportionnellement à son poids, et en ce qui a rapport au prix que j'ai admis pour l'heure de travail de cette machine; je crois avoir ainsi mis au néant toutes les objections du rapport, et je crois avoir indiqué la cause de graves erreurs, en démontrant celle d'un principe qui a été trop légèrement adopté par un grand nombre de personnes.

Ainsi, messieurs, je l'espère du moins, la vérité trop long-temps comprimée sortira du travail que je vais avoir l'honneur de déposer devant vous, et c'est vainement que, par des publications mensongères, de mesquins intérêts journellement s'agitent pour tromper l'opinion, rapetisser et dénaturer la question grande et immense des chemins de fer; malgré toutes les entraves qui leur seront encore apportées et malgré les fautes commises, ils accompliront leur œuvre, et quand ils seront établis avec soin dans les plaines, toutes les autres voies de transport devront s'humilier devant eux. Telle est du moins mon intime croyance.

Vous allez déclarer, messieurs, si je suis dans le faux ou dans le vrai; mais veuillez observer qu'il ne s'agit point ici d'une petite question d'amour-propre, de savoir si j'ai fait un bon ou un mauvais travail, si j'ai à tort ou à raison contesté tel point de théorie, improuvé tel ou tel mode d'agir, telle partie d'un projet que vous devez examiner; votre mission est plus grande, messieurs; vous allez proclamer *ce que doivent être les chemins de fer en France*; vous allez déclarer si ce rêve qui me poursuit depuis quatre ans ne restera qu'un rêve, si la jonction des mers du Nord et du Midi peut ou non exister par l'isthme du Havre à Marseille, faisant suite à l'isthme de Suez, et le jugement que vous porterez aura du retentissement dans les diverses parties du monde où s'exécuteront des chemins de fer.

Vous déciderez aussi, en même temps, s'il doit y avoir un chemin de fer de Paris à Lyon; car, quand je l'ai proposé, je ne l'ai fait que dans la supposition que le tarif pourrait être assez bas pour y appeler toutes les marchandises du commerce, et si ce tarif doit y être de o fr. 14 c.

pour les marchandises et de o fr. o9 c. pour les voyageurs, ainsi que le veut la commission, je déclare dès ce moment qu'il faut renoncer au chemin de fer.

Peut-être après cela, messieurs, jugerez-vous bon de porter un instant vos regards sur la partie de mon mémoire, dans laquelle j'ai examiné les probabilités que l'on peut admettre en ce moment, de voir accroître de beaucoup l'effet des machines actuellement employées sur les chemins de fer, tant par le perfectionnement des waggons pour diminuer la résistance, qu'en augmentant en même temps la puissance des machines motrices, soit par les modifications de leur mécanisme pour varier les vitesses sans changer celles des pistons, ou pour y employer le système d'expansion de la vapeur, soit par l'augmentation de pression de la vapeur dans la chaudière, mesure qui dépend de l'autorité, qui n'a, je crois, aucun inconvénient pour les machines locomotives dans le système actuel ces chaudières, dont l'extérieur n'est point attaqué par le feu, et qui peut à elle seule accroître de beaucoup l'effet utile de ces machines en doublant la pression permise, de telle sorte que les frais de traction peuvent, je crois, arriver promptement pour les chemins tracés dans les plaines à n'être pas moitié, et peut-être pas le tiers de ceux que l'on me reproche de présenter trop faibles, et que j'ai admis dans les calculs de mon mémoire pour les applications des tableaux, et que le tarif pourrait très-facilement alors y être baissé à o fr. o3 c. par tonne et kilomètre avec grand avantage pour la compagnie qui en jouirait, la vitesse étant de 6 lieues à l'heure, et avec certitude de ne craindre aucune concurrence (1).

L'opinion que vous émettriez, messieurs, concernant ces modifications des machines, indiquerait à M. le directeur général quelle pourrait être l'importance d'essais qui exigeraient quelques dépenses; e e pourrait aussi stimuler le zèle de l'industrie, qui trop souvent s'égare dans de vaines recherches, privée des connaissances théoriques nécessaires pour la guider, et qui doit craindre de s'y aventurer, mais qui apporterait moins d'hésita-

---

(1) Je donnerai ci-après un tableau calculé pour cette vitesse, et dans la supposition d'une machine agissant à pression de 6 atmosphères, et pouvant vaporiser un mètre et demi d'eau par heure.

tion dans celles que j'ai indiquées si elle y était encouragée par la respectable opinion que vous auriez manifestée.

Vous aurez enfin à déclarer, messieurs, si par la rédaction de mon mémoire, et par ma tenace persistance à poursuivre cette idée de la possibilité d'un transit qui aurait de si grands résultats pour la France, j'ai mérité le blâme qu'a déversé sur moi le rapport de la commission; si je suis coupable d'une atteinte portée à l'honneur du gouvernement, lorsque je cherche à lui démontrer que, trompé par la confiance qu'il accorde à de faux principes, il s'engage dans une route fausse, et que, dans ma conviction profonde, je lui crie, arrêtez, et revenez sur vos pas plutôt que de vous égarer davantage.

J'aime à espérer qu'au contraire vous reconnaîtrez, messieurs, que le résultat de mon travail sera utile à l'administration, je crois qu'il le serait lors même qu'il n'aurait fait que conduire à sonder le terrain sur lequel on veut édifier, à se rendre compte du véritable rôle que les chemins de fer sont appelés à jouer en France pour l'accroissement de la civilisation et de la prospérité générale, à examiner cette question importante, s'il convient d'entreprendre simultanément une foule de chemins de fer isolés, ou s'il ne serait pas plus avantageux de s'occuper, en premier lieu, de la grande ligne de Marseille au Havre, dont l'utilité majeure avait été reconnue par le gouvernement lorsqu'il a demandé le crédit principalement destiné à en faire effectuer l'étude et d'appeler d'abord et concentrer sur cette entreprise, en même temps la plus utile et la plus monumentale, toutes les ressources qu'offre le pays, soit en fonds pour l'exécution, soit en capacités pour la direction des travaux; à examiner après cela si, dans les mêmes vallées ou l'on aurait résolu d'exécuter des chemins de fer qui pourraient offrir au commerce, économie, célérité, sûreté, c'est-à-dire tous les avantages qu'il réclame, il y aurait encore lieu de chercher à changer l'état actuel des rivières par des travaux dispendieux, qui seront peut-être abandonnés dans peu; à examiner enfin cette question étrangère à l'art, mais importante, sous le rapport de l'intérêt général, s'il ne convient pas dans la concession des chemins de fer, quel que soit d'ailleurs le mode qui sera adopté, que le gouvernement se réserve le moyen de faire cesser un jour ce qu'il y aurait de trop abusif dans la jouissance d'un monopole qui deviendrait promptement odieux si les tarifs étaient hors de proportion avec les dépenses réelles des transports ; mais lors même qu'on écarterait toutes les opinions que j'émets au sujet de ces questions diverses, j'aime à croire que le gouvernement ne se trouvera point offensé d'une controverse élevée sur un point important de la science, en ce qu'elle touche accessoirement à une proposition de tarif que je crois le résultat d'une erreur, et qui est principalement l'œuvre d'une partie des auteurs du rapport que je combats en ce moment.

Et peut-être, messieurs, jugerez-vous aussi que l'honneur de l'administration, que celui du corps des ponts et chaussées, auquel je me ferai toujours gloire d'appartenir, seraient plus gravement compromis si M. le directeur général était forcé de déclarer, avec le rapport que vous avez entendu, aux chambres législatives, à la France, à l'Europe : qu'après le voyage récemment fait en Angleterre par une commission spécialement chargée d'y examiner tout ce qui peut concerner le service des chemins de fer, après qu'il a été établi, depuis vingt mois, une autre commission, dans le même but, et sur les lieux mêmes où sont les trois chemins de cette nature que nous possédons en France, nous ne connaissons rien encore aujourd'hui de ce qui s'est fait depuis quatre ans sur ces chemins, ni en France, ni en Angleterre; rien de ce qui est connu de tout le monde industriel, et que nous ne pouvons rien de plus, dans les grandes questions qui s'agitent, que citer l'opinion surannée de l'auteur anglais Wood.

ARNOLLET.

Je crois devoir dire ici, pour l'auteur Wood, que ses opinions n'ont pas été fidèlement rendues dans le rapport de la commission, car après avoir présenté le tableau des charges qu'une machine peut traîner sur différentes inclinaisons d'un chemin de fer, calculées en raison des efforts de traction supposés du 20ᵉ du poids de la machine, il dit (page 177) :

« Il est nécessaire d'observer que l'on est arrivé aux résultats précédens en supposant les rails » dans l'état le plus défavorable, c'est-à-dire en partie mouillés ou couverts de boue. Ces circon-

» stances ne se présentent que rarement, et pendant un temps assez court, comme, par exemple,
» au commencement ou à la fin d'une pluie, lors d'un dégel, pendant un brouillard, etc.; dans
» toute autre circonstance la force d'adhérence a une valeur au moins double de celle que nous
» lui avons assignée. »

Et plus haut (page 176.) : « Cependant, les observations faites sur le chemin de fer de Liver-
» pool à Manchester suffisent pour prouver que, dans les machines de ce genre, le rapport de
» l'adhérence à la charge est, comme nous l'avons annoncé, beaucoup plus grand que dans les ma-
» chines anciennes, nous sommes portés à croire qu'il est plus grand, au moins dans le rapport
» de 3 à 1, à le juger par la charge que ces machines traînent sur des rampes offrant $\frac{1}{54}$ de
» pente. »

Ainsi, d'après Wood lui-même, on était déjà bien loin de se conformer, à cette époque, pour
le service ordinaire du chemin de Liverpool, à cette règle de ne porter l'effort de traction qu'au
20e du poids de la machine ; il déclare qu'il peut être plus grand dans le rapport de 3 à 1, ce qui
s'accorde avec l'opinion de Tredgold, et avec les expériences citées dans la *Revue d'Édimbourg*.
Réduire après de tels exemples les efforts de traction au 20e parce qu'il peut arriver quelques circonstances de neige, ou de très-mauvais temps, où cela se trouverait nécessaire, serait agir comme
un roulier qui, ayant une longue route à faire sur laquelle il devrait rencontrer une montée ou
une partie de mauvais chemin, doublerait, pour tout le trajet, la force de ses équipages. Ils en-
tendent mieux leurs intérêts, et une administration de chemin de fer ne les négligerait pas davantage; elle tirerait de ses machines le plus grand effet utile, sauf à diminuer la charge dans les
cas extraordinaires qui pourraient le nécessiter.

Tableau de locomotion par machine exerçant un effort de traction de 700 kilogrammes, la vitesse étant de six lieues à l'heure, et le prix de l'heure 24 francs. (1)

SOMMES du coefficient des frottemens et de la pente.	POIDS totaux des convois.	POIDS des convois non compris machine ni fourgons.	POIDS nets des marchandises.	NOMBRES de tonnes transportées à 1 kilomètre par heure.	VALEUR des frais de traction par tonne et par kilomètre.	FRAIS augmentés d'un centime pour entretiens et administration.
mill.						
0,000,00	tonn.	tonn.	tonn.	tonn.	fr. c.	fr. c.
50	1,400,00	1,388,00	925,00	22,200,0	0,00,11	0,01,11
10	700,00	688,00	459,00	11,016,0	00,22	1,22
15	466,67	454,67	303,10	7,272,0	00,33	1,33
20	350,00	338,00	225,30	5,407,2	00,44	1,44
25	280,00	268,00	178,70	4,288,8	0,00,56	0,01,56
30	233,33	221,33	147,56	3,540,0	68	1,68
35	200,00	188,00	125,30	3,007,2	80	1,80
40	175,00	163,00	108,70	2,622.8	92	1,92
45	155,55	143,55	95,70	2,296,8	1,05	2,05
50	140,00	128,00	85,33	2,047,9	1,17	2,17
55	127,27	115,27	73,85	1,844,4	1,30	2,30
60	116,67	104,67	69,78	1,664,7	1,43	2,43
65	107,70	95,70	63,80	1,528,2	1,56	2,56
70	100,00	88,00	58,67	1,408,8	1,70	2,70
75	93,33	81,33	54,22	1,301,3	1,85	2,85
80	87,50	75,50	50,33	1,207,9	1,99	2,99
85	82,35	70,35	47,10	1,130,4	2,12	3,12
90	77,78	65,78	43,85	1,052,4	2,27	3,27
95	73,70	61,70	41,13	987,1	2,43	3,43
100	70,00	58,00	38,67	928,1	2,58	3,58
120	58,33	46,33	30,89	741,4	3,24	4,24
140	50,00	38,00	25,33	607,9	3,95	4,95
160	43,75	31,75	21,17	508,1	4,71	5,71
180	38,88	26,88	17,92	430,1	5,50	6,50
200	35,00	23,00	15,33	367,9	6,52	7,52
220	31,80	19,80	13,25	318,0	7,55	8,55
240	29,17	17,17	11,45	274,8	8,73	9,73
260	26,92	14,92	9,95	238,8	10,00	11,00
280	25,00	13,00	8,67	208,1	11,53	12,53
300	23,33	11,33	7,55	181,2	13,24	14,24
320	21,88	9,88	6,59	158,2	15,15	16,15
340	20,60	8,60	5,73	137,5	17,45	18,45
360	19,44	7,44	4,96	119,0	20,00	21,00
380	18,42	6,42	4,28	102,7	23,36	24,36
400	17,50	5,50	3,67	88,1	27,25	28,25
420	16,67	4,67	3,11	74,6	32,15	33,15
440	15,90	3,90	2,60	62,4	38,50	39,50
460	15,22	3,22	2,14	51,4	46,72	47,72
480	14,58	2,58	1,72	41,3	58,14	59,14
500	14,00	2,00	1,33	31,9	75,18	76,18
520	13,46	1,46	0,97	23,3	103,10	104,10
540	12,96	0,96	0,64	15,4	156,25	157,25

(1) On a supposé, pour la rédaction de ce tableau, que l'autorité permettrait une pression de 6 atmosphères, et que la quantité d'eau vaporisée pourrait s'élever à 1 mètre 50 centimètres par heure.

[illegible]

APPENDICE.

LES observations qui précèdent étaient à l'impression lorsqu'a paru le dernier n° des *Annales des Ponts et Chaussées*, lequel commence par un mémoire concernant les chemins de fer et les machines locomotives; l'auteur était un des membres de la commission qui a fait le rapport que je viens de combattre; il s'occupait de la rédaction de son nouveau travail dans le moment même où avait lieu celle du rapport dont il s'agit, et l'on peut présumer que ce nouveau mémoire a été déterminé par la production de mes tableaux de locomotion; l'auteur y offre d'abord (page 11) l'expression de la quantité d'action nécessaire pour transporter un convoi sur un chemin de fer quelconque, et qui est $P.\left(\dfrac{A}{200} \pm H\right)$, en nommant P le poids du convoi, compris machine, A la longueur du chemin à parcourir, et H la différence de niveau, positive ou négative, du point d'arrivée au point de départ. (En supposant toutefois qu'il n'y ait pas de pentes descendantes de plus de 0,005.)

Cette expression peut se mettre sous la forme $\dfrac{P}{200}$ (A $\pm$ 200 H), où l'on voit que l'effet est le même que si l'on avait à parcourir horizontalement la ligne (A $\pm$ 200 H.)

C'est ce principe qui a été adopté dans toute sa généralité, par l'auteur du Tableau comparatif des projets de Paris à Versailles, et que j'ai combattu dans le mémoire qui précède; mais il reçoit, dans celui des *Annales*, de nombreuses modifications, par plusieurs formules successives dans lesquelles on a égard au poids et aux vitesses des machines, aux *montées inutiles* des contre-pentes plus fortes que 0,005, aux pertes de force des machines qui, en descendant, ne rendent pas une quantité d'actions égale à celle qui leur a été nécessaire pour monter, à la perte totale du retour des machines de renfort; et l'on recommande, en conséquence, d'éviter avec soin les contre-pentes; mais il y a encore, dans ce nouveau mémoire, beaucoup de considérations essentielles qui ont été négligées; après avoir dit (page 6) *que la vitesse doit naturellement être supposée la même sur toutes les lignes*, on déclare (page 20) *qu'il y a sur chaque pente une vitesse qui doit être admise*, ce qui exclut la possibilité de l'emploi des machines spéciales destinées aux vitesses constantes; les formules ne sont calculées que pour une seule valeur du coefficient des frottemens, et j'ai fait voir combien cette valeur pouvait être variable; on suppose pour toutes les vitesses une égale production de vapeur, tandis qu'elle est aussi bien certainement variable; on n'admet aucune différence dans la valeur du travail des machines

8

à grande ou à faible vitesse, et cette différence est très-grande ; on suppose que l'effort de traction d'une machine ne peut être que du 20e de son poids, quand il peut facilement s'élever jusqu'au 10e ; enfin, on admet ce principe que j'ai combattu, *que l'effet pratique n'est que le tiers de l'effet théorique*, lorsque la tension de la vapeur est à 4 atmosphères dans l'intérieur des cylindres ; mais on le modifie pour les tensions différentes, et nommant n le nombre d'atmosphères qui exprime la tension totale de la vapeur dans les cylindres, on représente par $\frac{n}{2} - 1$ la portion de cette pression qui produit l'effet utile, de sorte qu'on trouve pour les tensions 2, 3, 4, 5, 6, 7 et 8 atmosphères, les pressions utiles correspondantes 0, $\frac{1}{4}$, $\frac{1}{3}$, $\frac{3}{8}$, $\frac{2}{5}$, $\frac{5}{12}$ et $\frac{5}{7}$ de celles qui agiraient théoriquement, et qui seraient les pressions totales diminuées d'une atmosphère.

J'ai démontré, dans le mémoire qui précède, la fausseté du principe qui admet le rapport $\frac{1}{3}$ pour toutes les hypothèses de pression ; les mêmes raisonnemens, appuyés des mêmes faits, démontrent également la fausseté de la nouvelle formule ; on peut même remarquer de plus, pour celle-ci, que lorsque n est moindre que 2, l'effet pratique serait négatif, c'est-à-dire, que vraisemblablement la machine devrait reculer au lieu d'avancer.

De ces fausses hypothèses, il ne peut évidemment naître que des formules également fausses ; aussi, quand on voudra un instant examiner leurs résultats, on les trouvera entièrement opposés à ce qu'apprennent journellement les faits.

Si l'on veut en appliquer les principes à la détermination des convois qui pourront être transportés dans des circonstances données, on verra, par exemple, qu'en admettant la machine des dimensions décrites, c'est-à-dire pareille à la Victoire, et en permettant une tension beaucoup plus forte qu'elle n'est autorisée en Angleterre, ce qui suppose aussi nécessairement une plus grande consommation de vapeur ; l'auteur du mémoire des *Annales* trouve (p. 32), que le convoi traîné sur la pente descendante d'un millième, à vitesse de 10 lieues à l'heure, ne serait que de 26 tonnes, et nous avons vu la Victoire, dans une situation semblable et avec la même vitesse, en conduire $93\frac{1}{2}$.

Ce système est donc erroné, et présente des résultats trop faibles, malgré la supposition d'une pression plus élevée qu'on ne doit, en ce moment, la supposer permise. Je vais encore entrer dans quelques détails qui feront voir à quel point l'erreur augmente, en se tenant, pour la pression, dans les conditions du service ordinaire de toutes les machines usitées, et des règlemens anglais. Soient :

n, le nombre d'atmosphères indiquant la pression totale autorisée ;

o, la superficie des deux pistons ;

p, le poids du convoi ;

c, le coefficient des frottemens ;

d, la déclivité du chemin ou le rapport entre la hauteur positive ou négative, et la longueur de la ligne supposée horizontale ;

m, le rapport de la double course du piston à la circonférence de la roue ;

k, le poids d'une atmosphère sur l'unité de superficie,

Et supposons, comme le mémoire des *Annales*, que $k.\left(\frac{n}{2}-1\right)$ soit la pression qui agit utilement sur la superficie des pistons pour toutes les valeurs de n.

L'effort transmis à la circonférence de la roue sera $m.k.o.\left(\frac{n}{2}-1\right)$. Cette force doit être égale à la résistance qui est $p.(c+d)$, d'où l'on tire l'équation générale $\frac{m.k.o}{2\,p}=\frac{(c+d)}{n-2}$.

Le premier membre étant entièrement composé de quantités constantes, on aura pour différentes valeurs de $c+d$, qui peuvent varier, soit par c, soit par d, soit par les deux ensemble, $\frac{c+d}{n-2}=\frac{(c+d)'}{n'-2}$, d'où $n-2=\frac{n-2\times(c+d)'}{c+d}$. (A) (1).

Soient, comme au mémoire des *Annales* (tableau, p. 32), $c=0,005$, $n=\frac{59.000}{10,330}=5^{\text{atm.}},711$, $d=0,006$, et que l'on veuille connaître n' pour le cas où $d'=0$, c'est-à-dire quand la ligne est horizontale ; on aura d'abord $n'-2=\frac{3,711\times5}{11}=1,687$, et $n'=3,687$: d'où résulte sur chaque mètre carré une pression de 38,087 kil., expression semblable à celle du mémoire des *Annales* qui donne 38,090.

Pour connaître maintenant les efforts de traction et les vitesses respectives, il est nécessaire de vérifier d'abord quelle sera la quantité de vapeur employée ; j'observe à cet égard que, d'après les dimensions de la machine, telle qu'elle est décrite dans le mémoire des *Annales*, le cube de vapeur employé pour parcourir un kilomètre est $21^{\text{m}},134$; que pour la tension de $5^{\text{atm.}},71$, le poids d'un mètre cube de vapeur est 2i,90, selon les tables ($2^{\text{m}},94$ selon la méthode approximative de l'auteur du mémoire des *Annales*). Le poids employé à parcourir 1 kilom. sera donc $61^{\text{k}},30$, et la vitesse étant supposée $6^{\text{m}},4$ par seconde, ou 23 kil. par heure, le poids total de vapeur employé dans une heure sera 1410, quantité qui diffère peu de 1440, supposés dans le mémoire des *Annales*. (On trouverait 1427 par la méthode de ce mémoire.)

L'expression de l'effort de traction est, ainsi qu'on l'a dit ci-dessus, $m.k.o.\times\left(\frac{n}{2}-1\right)$; or, d'après les dimensions de la machine et le poids d'une atmosphère sur la superficie d'un mètre $=10,330$ kilogr., on trouvera $m.k.o=218,7$; nommant donc E l'effort de traction exercé dans une

---

(1) En faisant dans cette équation $n=2$, le second membre devient zéro, et l'on trouve alors $n'=2$, indépendamment de toutes les valeurs de c et de d, ce qui peut paraître extraordinaire, mais cela est expliqué par cette raison que pour ces valeurs de n ou $n'=2$, on aurait également zéro pour effet utile, d'après la supposition que l'action utile $=k\left(\frac{n}{2}-1\right)$, supposition qui, dans ce cas, est évidemment inexacte.

circonstance quelconque, par la machine décrite, on aura : $E = 218,7 \times \left(\frac{n}{2} - 1\right)$ (B.), et pour le cas de $n = 5,70$ d'où $\frac{n}{2} - 1 = 1,85$, on trouve l'effort $= 403^k,6$; et divisant ce nombre par 11, valeur de $(c+d)$, on obtient 36^{tonn},7 pour le poids du convoi qui pourra être conduit par la force indiquée sur la montée de 0,006.

Pour la tension $n' = 3,69$, que l'on a vu ci-dessus correspondre à $d' = 0$, ou à la ligne horizontale, on aura $\frac{n}{2} - 1 = 0,85$, qui, multiplié comme ci-dessus par 218,7, donne 186 kilogr. pour l'effort de traction de la machine, lequel divisé par 5, valeur de $(c+d)'$, donne 37 tonn.,2 pour le poids du convoi. On voit que toutes ces valeurs sont à peu près les mêmes que celles du mémoire des *Annales*.

Pour trouver maintenant les vitesses, nommant :

S, la quantité de vapeur employée dans une heure, exprimée en kilogrammes ;

V, le volume employé à parcourir 1 kilomètre ;

T, le volume d'un kilogramme à la pression n ;

U, le nombre de kilomètres parcourus dans une heure.

On aura évidemment $U = \frac{S\,T}{V}$ (C).

Or, on a trouvé ci-dessus $S = 14,10$ kilog. ; et d'après les dimensions de la machine $V = 21^m,124$. On aura donc toujours $\frac{S}{V} = 66,67$; et l'équation devient : $U = 66,67 \cdot T$.

Comme les tables donnent, les unes le volume d'un kilogramme de vapeur, et les autres le poids d'un mètre cube ; si l'on a les dernières, ou si l'on veut déduire ce poids de la méthode abrégée de l'auteur du mémoire des *Annales* $\left(\frac{1}{T} = \frac{n}{2} + 0,09\right)$ qui donne une appréciation suffisante, on prendra, au lieu du volume, l'unité divisée par le poids.

Pour appliquer ce qui précède aux vitesses correspondantes à $n = 5$ atm.71 et $n' = 3$ atm. 69, et employant la méthode de l'auteur des *Annales* pour exprimer les poids du mètre cube de vapeur, on aura :

1° $\frac{1}{T} = 2,855 + 0,09 = 2,945$, et 2° $\frac{1}{T'} = 1,935$; d'où $U = 23$ kilom. 7, ou $6^m.58$ par seconde, et $U' = 34$ kilo. 5, ou $9^m.58$ par seconde ; quantités qui s'éloignent encore très-peu des nombres indiqués dans le mémoire des *Annales*.

(En prenant dans les tables de M. Clément les volumes d'un kilogramme de vapeur qui sont, pour les tensions précitées, $0^m.345$ et $0^m.514$, on a 23 kil. et 34 kil. 3 pour les vitesses demandées.)

On voit, par ce qui précède, qu'à l'aide des trois équations A, B et C, qui me paraissent plus simples que celles des *Annales*, puisque les deux premières ne contiennent pas la valeur de p, et que la troisième ne contient ni celle de p ni celle de j, on pourrait très-facilement former un tableau ana-

(61)

logue à celui de la page 32 des *Annales*, et dont les conditions seraient bien plus générales, puisque je peux y faire varier à volonté le coefficient des frottemens, ainsi que la tension que l'on suppose permise pour *maximum*, et l'hypothèse même de l'expression de l'effet utile $\frac{n}{2} - 1$. Mais ce tableau serait, je crois, de peu d'utilité, étant formé dans des suppositions qui s'éloignent, et de ce qui existe et de ce qui est autorisé.

J'ai voulu présenter les calculs ci-dessus pour faire voir que les résultats de ma méthode s'accordent avec ceux du mémoire des *Annales*, en admettant les mêmes hypothèses, et les appliquer ensuite au cas où la tension serait telle que je l'ai supposée et conforme aux règlemens anglais.

Je supposerai donc n 4 atm. 25, $\frac{n}{2} - 1$ sera 1 atm. 13, $n - 2 = 2,25$; et l'équation A deviendra $n' - 2 = 0,2045$ $(c+d)'$.

L'équation B donnera E $= 247$ kilo. 13, d'où l'on déduira le nombre de forces de chevaux $= 21$ forc. 1, et le poids du convoi transporté avec la vitesse de 6 mètr. 4 par seconde $= 22$ tonn. 47, compris machine, et 10 tonn. 47, le poids de la machine déduit.

L'équation C ne peut pas recevoir immédiatement son application, parce qu'elle est basée sur le poids de la vapeur employée, et qu'il cesse d'être le même lorsque, toutes choses d'ailleurs égales, la tension admise comme *maximum* se trouve moins considérable; pour connaître la quantité de vapeur qui sera réellement employée, dans la nouvelle hypothèse, il faut admettre une vitesse correspondante à la plus grande tension, et que je supposerai toujours 23 kil. 7 par heure; alors l'équation C nous donnera $S = \frac{UV}{T}$, dans laquelle V $=$ toujours 21^m.124, et $\frac{1}{T} = 2,22$, et le produit $\frac{UV}{T}$ est 1,089 kilo.

Ce sera là le poids de vapeur employé dans les cylindres pendant une heure de temps pour la tension de 4 atm. $\frac{1}{4}$. Cette quantité, à laquelle on doit ajouter les pertes qui n'entrent pas dans le cylindre, s'accorde avec l'opinion admise sur le service des machines du chemin de Saint-Etienne à Roanne, qui sont des mêmes dimensions. Substituant cette valeur de S dans l'équation C, on aura U $= 51,55$ T.

Pour trouver maintenant la vitesse relative au cas de la ligne horizontale, il faut déterminer T' et connaître d'abord n' que nous déduirons de l'équation A, qui devient $n' - 2 = \frac{2 \text{ atm}.25 \times 5}{11} = 1$ atm. 02 et $n' = 3$ atm 02, d'où l'on tire $\frac{1}{T} = 1.60$, et U, où $51,55$ T $= 32$ kilom. 22, ou 8 lieues à l'heure.

Cherchant maintenant la quantité d'action de la machine pour cette tension $n' = 3$ atom. 02, nous trouvons que l'équation B devient E $= 218,7 \times 0,51 = 111,54$, qui divisés par 5, valeurs de $(c+d)$ donne 22 ton. 31 pour le poids du convoi; quantité qui diffère un peu de 22,47 trouvés ci-dessus par suite du défaut d'exactitude rigoureuse dans l'évaluation de T.

Le poids du convoi, machine déduite, ne serait donc que de 10 ton. 40 sur la ligne horizontale, dans des circonstances et conditions semblables à celles où l'on a vu la Victoire conduire, avec cette même vitesse de 8 lieues, un convoi de 93 tonnes $\frac{1}{2}$.

Nous avions trouvé ci-dessus, dans la supposition que la tension autorisée de la vapeur serait 5 atm. 71, le convoi de 25 tonn., 2 au lieu de 10, 4; on peut juger par-là quelle est, pour une même machine, l'influence de l'augmentation dans la quantité et la pression de la vapeur; mais j'ai voulu surtout, par les calculs précédens, faire juger du degré de confiance que l'on doit accorder aux hypothèses admises par l'auteur du mémoire des *Annales*, 10 tonn. 4 à 93 tonn. 5; voilà le rapport du résultat de sa théorie au résultat pratique qui a été fourni par la Victoire, et qui l'est journellement par les machines de Roanne; et quand on supposerait qu'on ne se conforme pas pour la pression aux règlemens qui en ont fixé le *maximum*, et que dès-lors il y a possibilité d'employer 1410 kil. de vapeur, le rapport serait toujours de 25 à 92.

La commission, dont l'auteur du mémoire des *Annales* était membre, a déclaré que par mes tableaux de locomotion *je n'ai pas résolu la question générale de la détermination des frais de transport sur les chemins de fer*; elle a prétendu que j'offrais des résultats qui ne méritent pas confiance, m'appuyant sur des données contestables. On jugera si le mémoire des *Annales*, qui semblait être produit pour le redressement de mes erreurs, a mieux fourni la solution cherchée, si ses données sont moins contestables que les miennes; mais pour moi, d'après ce qui précède et d'après le rapport qu'a fait la commission, je me crois autorisé à penser et à dire que les 26 formules que l'auteur du nouveau mémoire y présente pour arriver *très-simplement*, dit-il, à la solution de la question relative aux chemins de fer, ne peuvent que donner les plus fausses idées concernant les résultats que l'on doit attendre de ces chemins, et obscurcir encore la question que l'on dit vouloir éclairer.

Cela sera encore confirmé par l'application que je vais faire des principes du nouveau mémoire à la comparaison de projets par lignes horizontales, ou pentes douces et uniformes, et par lignes à contre-pentes.

En cherchant à résoudre cette question par les formules du mémoire on est embarrassé du choix.

Si l'on s'arrête à ce qui est énoncé à la page 11, ainsi que l'a fait l'auteur du tableau comparatif des projets de Paris à Versailles, on jugera que, *quelle que soit la distribution des pentes et contre-pentes que la ligne pourra présenter, si les deux extrémités étaient au même niveau, le transport du poids* P, *d'une extrémité à l'autre, équivaudrait simplement à l'élévation de ce poids à une hauteur égale à la 200° partie de la longueur*; c'est-à-dire que l'effort serait le même que si la ligne était horizontale, quels que soient d'ailleurs la force de la machine, le prix de son travail, le poids du convoi, la vitesse du transport, et les pentes du chemin; pourvu qu'elles n'excèdent pas 0,005.

On serait conduit aussi à porter le même jugement en lisant aux pages 29 et 30 du mémoire ces lignes qui semblent y être posées comme axiome:

« Aucune perte sur l'action de la machine locomotive n'aura lieu par suite

» de l'existence d'une pente ascendante *lorsque la machine pourra tirer le*
» *convoi sur cette pente*, c'est-à-dire lorsque l'effort du tirage qui a lieu sur
» la pente n'obligera pas à porter trop haut la tension sous laquelle la vapeur
» est produite, ou ne fera pas glisser les roues de la machine locomotive. »

« Il n'y aura également aucune perte par suite de l'existence d'une pente
» descendante, *lorsque l'action de la gravité sur le convoi ne dépassera pas la*
» *résistance, y compris l'effort nécessaire pour faire marcher à vide la machine*
» *locomotive.* »

Cependant on voit à la page 13 une formule n° 1ᵉʳ, laquelle, modifiant
l'expression de la page 11, pour indiquer la quantité d'action sur une ligne
ondulée, ajoute au 200ᵉ de la longueur une hauteur égale à une partie de
la somme des montées inutiles, représentées par μh, et pages 16 et 17; on attribue à μ une valeur de $=\frac{2}{3}$.

Supposons, pour exemple, qu'il s'agisse de comparer le transport par
une ligne horizontale à celui qui aurait lieu, entre les mêmes points, par
une ligne ondulée à pentes de 0,0035 et que la longueur soit de 6000 mètres;
la somme des montées inutiles, sur la moitié de cette longueur, sera 10ᵐ.50,
et l'on aura $\mu h = 7^{\mathrm{m}}$. et $\dfrac{\mathrm{A}}{200} + \mu h = 37^{\mathrm{m}}$.

On trouvera donc que le transport équivaudrait, sur la ligne horizontale,
à une élévation de 30 mètres et sur la ligne ondulée de même longueur à
une élévation de 37 mètres.

On aurait ainsi un résultat déjà fort différent de celui qui est indiqué par
la citation que nous avons vue des pages 11 et 30, et l'on pourrait conclure
que les frais de traction, par la ligne ondulée, seraient à ceux de la ligne
horizontale :: 100 : 81.

Nous trouverons encore un résultat différent par l'application de la for-
mule 26ᵉ (page 49) $\dfrac{\mathrm{A}\,\Delta}{\frac{2}{3}\,(p-q)\,\mathrm{U}}$ qui exprime les frais de traction d'une tonne de
marchandise sur la longueur entière d'un chemin, U étant la vitesse moyenne
du transport par seconde, A la longueur de la ligne, Δ le prix de l'emploi de
la machine pendant une seconde, p le poids total du convoi, et q celui de la
machine.

Pour faire usage de cette formule il est nécessaire de connaître d'abord,
pour les deux lignes, les valeurs de p et de U, et cette dernière exige que l'on
recherche quelles seront les vitesses particulières sur les différentes parties
du chemin.

Comme les poids sont égaux à l'effort de traction, divisé par les nombres
qui expriment en millièmes la valeur $(c+d)$, nous chercherons d'abord
les valeurs de E par la formule B qui est $\mathrm{E} = 218,7 \times \dfrac{n}{2} - 1$.

On a, par supposition, sur la rampe de 0,0035 $n = 4$ atm. 25, d'où $\dfrac{n}{2} -$
$1 = 1,13$, et l'on aura, pour cette valeur de n, $\mathrm{E} = 247$ kil. 13, nombre qui,
divisé par 8,5, donne 29 tonn. 1 pour la valeur de p, et 17,1 pour celle
de $(p-q)$,

Pour la ligne horizontale, nous devons toujours supposer $n = 4,25$, ce qui donne toujours E $=247$ kil. 13, nombre qui, divisé par cinq, valeur de $(c + d)$ donne 49 tonn. 43 pour la valeur de p et 37,43 pour la valeur de $(p - q)$.

Pour la ligne qui descend de 0,0035, on déterminera n' par l'équation A, qui donne $n' - 2 = 2,25 \times \frac{15}{85} = 0,397$, et $n' = 2$ atm. 40.

On aura $\frac{n'}{2} - 1 = 0,20$ et E $= 43$ kil. 74, nombre qui, divisé par 1,5, donne 29 tonn. 1 pour le poids du convoi, comme on l'a trouvé ci-dessus, ce qui devait être, en effet, par la supposition que le même poids est constamment conduit sur la ligne ondulée.

Pour ces valeurs de n et de n', nous aurons celle de $\frac{1}{T}$, expression du poids d'un mètre cube de vapeur, 1° sur la rampe et la ligne horizontale 2 kil. 22; 2° sur la descente 1 kil. 29, et par l'équation c, dans laquelle on a déjà vu que $\frac{S}{V} = 51,55$. On aura : U $= 23$ kil. 20, et U' $= 40$ kilomètres ou dix lieues à l'heure.

La vitesse moyenne sur la ligne ondulée, la longueur des montées étant égale à celles des descentes, sera ainsi 31 kil. 6 ou à peu près huit lieues à l'heure.

Substituant les valeurs dans l'équation, n°. 26, on a pour valeur des frais de traction, sur les deux lignes $\frac{A \Delta}{17 \times 31,6}$ et $\frac{A \Delta}{37,33 \times 23,2}$, quantités qui sont entre elles dans le rapport de 100 à 62.

Ainsi, selon que l'on voudra considérer l'une ou l'autre des trois indications du mémoire des *Annales*, on trouvera les rapports entre les frais de traction, sur la ligne ondulée, à pentes de $0^m.0035$, et sur la ligne horizontale :: 100:100:81:62.

La dernière expression étant celle dans laquelle on a fait entrer plusieurs considérations négligées dans les deux premières, celle du chapitre intitulé : *Évaluation comparative de la dépense du transport sur diverses lignes de chemins de fer*, c'est évidemment à celle-là qu'il convient d'avoir égard pour exprimer des rapports, ne pouvant faire autre chose, puisque les quantités A et Δ ne sont pas déterminées.

En appliquant ces rapports à l'exemple que j'ai cité, dans mon mémoire, de la ligne d'Everly à Ablon, on trouve qu'au lieu de la ligne de 72,500 mètres par le côteau, il serait équivalent de parcourir 120,000 mètres dans la plaine.

Si cela est théoriquement égal, sous le rapport de la dépense, on doit penser combien la ligne de pente uniforme présente encore d'avantages qui ne peuvent pas être évalués par le calcul; et si l'on veut avoir égard, notamment, à la valeur du prix de l'heure de travail de la machine, plus grand évidemment pour la vitesse de dix que pour celle de six lieues à l'heure, et évaluant cette différence à moitié; ce qui, pour la vitesse moyenne, augmenterait Δ d'un quart, le rapport précédent deviendrait 125 à 62, ou 100 à 50. C'est à dire que le parcours d'une ligne ondulée, à pentes de 0,0035, équivaudrait à celui d'une ligne horizontale qui aurait le double de longueur.

Telle est la conséquence qui se déduit naturellement de la formule n° 26, du nouveau mémoire des *Annales*; cette formule, qui ne contient que des indications générales, est exempte des erreurs que j'ai signalées dans celles qui la précèdent, et j'aurais grandement tort au surplus de ne pas l'approuver, car cette 26ᵉ formule, cette formule du résumé, à laquelle il semble que l'on n'ait pu parvenir que par l'intermédiaire de celles qui la précèdent, et dont le mémoire dit, *qu'il ne paraît pas possible de présenter une règle plus simple*, n'est cependant rien autre chose que la règle expliquée en peu de mots, dans mon premier mémoire, et qui a été suivie pour la formation de mes tableaux de locomotion, ce que l'auteur du mémoire des *Annales*, membre de la commission, n'a pu assurément méconnaître. Je puis donc revendiquer cette règle, comme principe fondamental de mon premier mémoire.

Il suffit, en effet, de jeter les yeux sur l'un de mes tableaux, pour voir qu'après la colonne qui indique les valeurs réunies du coefficient et de la pente, relativement auxquels on voudra connaître les frais de traction; la première donne les valeurs de p, la deuxième les valeurs de p-q, la troisième celles de $\frac{2}{3}(p$-$q)$, la quatrième celles de $\frac{2}{3}(p$-$q)$ U, et la cinquième les valeurs de $\dfrac{\Delta}{\frac{2}{3}(p-q)\mathrm{U}}$, c'est-à-dire exactement la formule des *Annales*, pour le cas où A $=$ 1 kilomètre, et il est évident que pour une ligne quelconque, dont la longueur en kilomètres est A, il suffit de multiplier le résultat par A.

Il n'y a donc de différence, entre le mémoire des *Annales* et le mien, que pour l'application de ma formule. Ces différences sont : 1° que le mémoire des Annales indique seulement la règle, et que le mien fournit les résultats tout calculés; 2° que celui des *Annales* suppose que l'on déterminera d'abord, pour toute la longueur d'un chemin, une vitesse moyenne à laquelle on appliquera la formule pour toute la ligne en bloc, tandis que je crois que la détermination de cette vitesse moyenne ne serait presque jamais possible, et qu'il faut, à l'aide de la même formule, c'est-à-dire en prenant les résultats tout calculés dans mes tableaux, chercher les frais de traction sur les différentes parties du chemin, et pour les vitesses qui seraient réellement admissibles; 3° que la méthode du mémoire des *Annales* admet le même prix d'unité de temps, pour toutes les vitesses possibles, ce qui est évidemment une erreur; 4° qu'elle n'admet qu'une même machine, commune à toutes les vitesses, tandis que dans une foule de circonstances, et surtout quand on aura cherché à éviter les contre-pentes, et que l'on aura de grandes lignes à pentes uniformes, il y aura possibilité d'employer les machines spéciales, qui produiront une grande économie; 5° la méthode des *Annales* suppose qu'un même poids sera constamment traîné par la même machine, sur toute la longueur du chemin, ce qui ne paraît nullement motivé, puisqu'une administration chargée du transport général des marchandises pourra, sans aucune espèce d'inconvénient, varier le nombre des waggons qui seront conduits par les machines, de telle sorte que leur force soit employée de la manière la plus avantageuse, ce qui sera indiqué par la première colonne de mes tableaux; 6° la méthode des *Annales* suppose que l'on aura calculé les poids et les vitesses d'après les hypothèses que j'ai combattues, et dont je crois avoir démontré la fausseté, sur le rapport de l'effet utile à l'effet théorique, et je crois avoir adopté pour mes tableaux un principe mieux en harmonie avec l'observation des faits ; 7° la méthode employée pour déterminer les valeurs de p, ne le fait que pour une seule hypothèse du coefficient des frottemens, et la mienne s'applique à tous les cas à volonté ; 8° ce mémoire des *Annales* suppose que l'effort de traction ne doit être que le 20° du poids ; je l'ai porté au 13° dans le calcul de mes tableaux ; et il est prouvé par les faits que, pour l'état moyen du chemin et des saisons, mon évaluation est trop faible, et qu'elle peut aller au 10°.

9° L'application de la formule n° 26, dans le système du mémoire des *Annales*, est loin d'ailleurs d'être aussi simple que l'auteur le donne à entendre ; puisqu'il faut, pour chaque cas, se livrer à beaucoup de calculs préliminaires que la formation de mes tableaux a eu pour objet d'épargner.

La lecture du nouveau mémoire des *Annales* donne également lieu à une autre observation digne de remarque. On a vu, dans le rapport de la commission, le reproche qui m'y est fait de supposer des machines trop fortes, et c'est par-là surtout que l'on a prétendu prouver que je propose de trop faibles tarifs : on y a vu notamment que je devais réduire à dix-huit chevaux le *maximum* de la force de la machine qui sert de base à mes calculs, et que je ne devais porter en conséquence son effort de traction qu'à 200 kilogrammes pour la vitesse de 6 lieues, où mes tableaux l'ont supposé de 330.

M. Arnollet, dit aussi le rapport, admet des machines du double plus puissantes que les machines anglaises sur lesquelles est basé son prix d'estimation, etc.

Et voici cependant que l'auteur du nouveau mémoire des *Annales* annonce (pag. 26), pour présenter un exemple, qu'il admettra que l'on emploie une machine locomotive, semblable *aux appareils de force moyenne* dont on se sert aujourd'hui sur le chemin de Liverpool à Manchester ; et il décrit exactement (pag. 27) une machine pareille à la Victoire et à celles du chemin de Saint-Étienne à Roanne, et par conséquent à celle que j'ai moi-même admise. Et dans le tableau qu'il présente (pag. 36) du service de cette machine travaillant à vitesse de 6 lieues à l'heure, il élève partout à 400 kil. cet effort de traction qu'il m'a reproché de porter à 330, et voulait me réduire à 200. Et il porte ainsi à trente-cinq chevaux et demi la force de sa machine pour cette vitesse de 6 lieues où je ne l'admettais que de 29, et où il voulait me la réduire à 18. Et c'est dans le même instant qu'il travaillait avec un autre membre de la commission au rapport qui condamnait mon mémoire (1), et qui, dans une première rédaction arrêtée, tendait à

(1) La minute du nouveau mémoire des *Annales* a même été retirée de l'impression, pour servir à la rédaction du rapport de la commission ; ce mémoire était cité deux fois dans le premier projet du rapport que l'on m'a fait connaître, et sur la demande officielle que j'avais faite, pour que ce mémoire me fût alors communiqué, on a retiré les citations, et l'on n'a pas jugé convenable de me faire connaître le mémoire.

me faire refuser l'autorisation de le publier, et à la rédaction du mémoire des *Annales* dont le résumé se réduit à proposer la règle qui est la base fondamentale de mes tableaux de locomotion. Mon esprit se refuse à l'explication de ces faits.

Je vais maintenant présenter le calcul d'après lequel j'ai dressé le tableau qui précède, admettant la même machine, la même tension, la même quantité de vapeur, et la même vitesse de transport que l'auteur du mémoire des *Annales*.

Le diamètre des pistons étant. . . . . $0^m.28$ c.
Leur course. 0,41
Leur superficie double. . , ... 0,1232.
Le cube du vide des deux cylindres. . . . . 0,0505.
Le diamètre des roues. . . . . 1,52.
Leur circonférence. . . . . ; . . . . $4^m.78$.
Le nombre de tours pour une lieue.. . . . . , ... 837.
Idem pour six lieues ou une heure. . . . . 5,022.
Le cube total de vapeur employé pour une lieue.. . . . . . $84^m.537$.
Le cube employé pour une heure. . . . . 507,222.
Le volume d'un kilogamme de vapeur sera $\frac{507}{1440}$. . . . . . . $0^m.352$.
Et à ce volume correspond dans les tables une pression de. 5 atm. 60.
Déduisant la pression naturelle, il reste pour agir sur les pistons et vaincre les différentes résistances. . . . . 4 atm. 60.
La pression d'une atmosphère étant, sur un mètre quarré, de. 10,330kil.o.
Sera, sur les deux pistons. . . . . 1,272kil. 66.
Et la pression totale pour la tension de 4 atm. 6. . . . . . . 5,854kil.oo.
Pour connaître théoriquement l'effet que cette pression produirait à la circonférence des roues, il faut multiplier ce nombre par le rapport des espaces parcourus par les pistons et par la roue, c'est-à-dire par. . . . . $\frac{82}{478}$ ou 0,1718.
Et l'on obtient. . . . . 1,005 kil. o.

Pour en déduire maintenant l'effet pratique, selon le principe de l'auteur du mémoire des *Annales*, la tension totale de la vapeur étant 5 atm. 60, on aurait $\frac{n}{2} - 1 = 1$ atm. 80, pour exprimer la pression qui doit agir utilement, au lieu de 4, 60 qui seraient la pression théorique, nombre dont le rapport est 0,39. Il faudrait donc multiplier 1005 par 0,39, et l'on aurait 392, nombre qui diffère peu de celui de 400, qui a été admis par l'auteur. Mais cette hypothèse, d'un effet pratique seulement égal aux $\frac{39}{100}$ de l'effet théorique, est, ainsi que je l'ai dit, sans aucune espèce de fondement.

En examinant les pertes qui sont constantes, telles que la contraction de la vapeur à sa sortie, et le frottement des pistons et de leurs tiges, tant des cylindres à vapeur que des machines alimentaires, et les pertes qui sont proportionnelles aux pressions, et qui sont notamment la résistance qu'éprouvent les pompes alimentaires pour fouler l'eau dans la chaudière, et la résistance des frottemens des bielles dans les manivelles; j'évalue au maximum les pertes à $\frac{3}{10}$ au lieu de $\frac{3}{5}$, et je tiens pour certain que la machine qui, marchant à 6 lieues à l'heure, recevra dans le même temps dans ses cylindres de $0^m 28$ c. 1440 kil. de vapeur comprimée à 5 atm. 6, produira un effort de traction qui sera au moins de 700 kil. C'est dans cette hypothèse qu'a été calculé le tableau ci-joint, qui diffère de ceux du premier mémoire en raison des données nouvelles sur la pression et la quantité de vapeur, et de ce que la machine est alors machine spéciale pour la vitesse de 6 lieues à l'heure. Il peut être regardé comme la représentation la plus fidèle de ce qui doit avoir lieu dans le service des chemins de fer, en admettant les modifications indiquées, et peut remplacer tous les autres tableaux si l'on se détermine à n'admettre qu'une seule vitesse.

Les expériences qui seront vraisemblablement ordonnées par M. le directeur général feront connaître si ce tableau s'écarte beaucoup de la vérité, et lequel est dans l'erreur de l'auteur du mémoire des *Annales* ou de moi.

Je pose en fait que sur un chemin tracé suivant la pente d'une grande vallée le taux moyen des frais de traction ne peut pas dépasser o f. 017 par tonne et par kilomètre; mais supposons qu'il soit de o f. 02, il y aurait bien loin encore de ce prix au tarif de o f. 14½, et l'on aurait désiré trouver dans le nouveau mémoire des *Annales* quelques détails pour justifier ce dernier, mais il n'y en a pas plus que dans le rapport de la commission, non plus que sur les bases de la formation du prix de 45 fr. pour l'heure de service de la machine.

On m'a reproché d'établir ma proportion de tarif sur *des données contestables* : ici l'on n'en présente aucune, et c'est un bon moyen pour qu'elles ne soient pas contestées. Il est à espérer, au surplus, que nous ne tarderons pas à en avoir de nouvelles; je sais que dans le moment où j'écris ces lignes, un ouvrage important est sous presse et au moment de paraître, qui va présenter le tableau d'un très-grand nombre d'expériences récemment faites en Angleterre. Ainsi la vérité sera bientôt connue.

———•◦•———

Au moment de terminer l'impression de ce qui précède, il m'est donné connaissance d'une nouvelle expérience faite sur l'une des machines du chemin de Saint-Etienne à Roanne, dans des circonstances dont l'authenticité paraît incontestable, et qui vient ajouter aux renseignemens déjà fournis au sujet des machines de ce chemin et de celui de Liverpool.

Le jour d'une grande réunion qui existait à Roanne, l'entrepreneur des transports du chemin de fer a voulu y donner le spectacle des machines locomotives qui n'avaient pas encore été vues dans cette ville; il leur a fait franchir à toutes les trois la montagne, chacune d'elles traînant une grande diligence chargée de voyageurs, du poids d'environ 6 tonnes; le poids total de chaque convoi était alors de plus de 18 tonnes, et la rampe étant, dans une partie considérable du trajet, de $0^m,0452$, la somme de la rampe et du coefficient du frottement peut être supposée 0,05. L'effort de traction a été alors au moins de 900 kil. $= \frac{1}{9}$ du poids de la machine.

Pour promener les curieux qui affluaient à Roanne, on a disposé douze voitures, de manière à pouvoir faire monter cinquante personnes sur chacune d'elles, et ce convoi de 600 voyageurs a été conduit par la machine le Jakson jusqu'au pied du premier plan incliné, sur la longueur d'environ 15,000 mètres, en montant sur des inclinaisons variées, mais où une partie de 6340 mèt. est en rampe de 0,0085; en évaluant seulement à 60 kilogr. le poids moyen de chaque personne, les 600 formaient 36 tonnes, les 12 voitures au moins 24 tonneaux, la machine et fourgon 12 tonnes, et le total, ainsi, au moins 72 tonneaux.

En portant à 0,013 la somme du coefficient des frottemens et de la rampe, l'effort total de traction aurait été de 936 kil., plus du neuvième du poids de la machine, et les roues n'ont jamais glissé.

On assure, mais le fait n'a pas été authentiquement constaté, que sur les plus fortes rampes la vitesse n'a pas été moindre de 5 lieues à l'heure; la machine aurait alors développé une quantité d'action égale à 69 forces de chevaux; et si l'on suppose la vitesse seulement de 4 lieues $\frac{1}{2}$, la puissance aurait encore été de 62 forces, résultat qui s'accorderait avec l'épreuve de la Victoire, qui a montré une force de 60 chevaux, à vitesse de 7 lieues à l'heure.

L'ouvrage dont j'ai parlé, pag. 68 (1) paraît à l'instant même; je viens de le parcourir rapidement, et je veux en dire quelques mots, en engageant ceux qui auront lu mon travail à se procurer aussi celui de M. de Pambour. Cet ouvrage est d'un genre entièrement différent du mien; il a pour but principal de faire connaître, dans le plus grand détail, ce qui a rapport aux machines locomotives employées sur les chemins anglais, tandis que mes deux mémoires ont en vue une question plus générale. *Quels peuvent être les résultats des chemins de fer en France?* Mais on conçoit facilement que l'ouvrage de M. de Pambour, qui rend compte d'un très-grand nombre d'expériences faites sous ses yeux, et dont il a suivi tous les détails, doit contenir beaucoup de renseignemens utiles pour la solution des questions dont je me suis plus spécialement occupé, et dans l'examen desquelles j'ai dû, faute de mieux, admettre comme constans des faits regardés généralement comme tels, mais non prouvés authentiquement. On verra effectivement qu'il va fournir, sur un grand nombre de points, la preuve de ce que j'ai avancé.

On remarquera d'abord aux pages 32 et 33 un tableau de 24 machines maintenant employées sur le chemin de fer de Liverpool, et par lequel on voit, 1° qu'il n'y en a pas une seule de ces 24 qui soit plus faible que celle que j'ai admise pour servir de base à mes calculs, ce qui prouve l'erreur du rapport de la commission, lorsqu'il a dit : *M. Arnollet admet des machines deux fois plus puissantes que celles sur lesquelles est basé le prix d'entretien.* 2° Qu'à toutes ces machines, les soupapes sont chargées d'un poids de 50 liv. par pouce quarré, ou 3 k. 6 par centimètre quarré, ce qui suppose une pression totale de 4 atm. $\frac{1}{2}$ dans la chaudière, ainsi que je l'ai aussi admise, et non, comme le suppose l'auteur du mémoire des *Annales*, de 5 atm. 7 dans les cylindres, ce qui exigerait 6 atm. dans la chaudière.

---

(1) Traité théorique et pratique des machines locomotives, par le chev. F. M. Guyonneau de Pambour, etc. Paris, chez Bachelier, quai des Augustins, n° 55.

A la page 34ᵉ l'auteur fait voir, ainsi que je l'ai dit également, qu'on ne peut pas généralement désigner une machine locomotive par un nombre de forces de chevaux, puisque l'effet varie selon la vitesse ; il en conclut que ce mode d'appréciation est inapplicable aux machines locomotives. Je diffère de son avis, à cet égard, parce qu'il est une vitesse pour laquelle la machine produit un *maximum* d'effet utile, et c'est pour cette position que l'on peut indiquer sa puissance, en forces des chevaux ; ce nombre sera variable ensuite en raison des plus grandes vitesses ; mais en cela, nous sommes d'accord contre l'avis de la commission, qui supposait la force constante. Il est également à remarquer, dans le chapitre 3ᵉ relatif à la résistance du frottement des waggons (ou coefficient du frottement), que la moyenne d'un très-grand nombre d'expériences faites sur des convois considérables, ne porte cette résistance qu'à 0,0036 du poids ; on sera donc au-dessus de la réalité, en prenant le nombre 4 pour exprimer la ligne horizontale dans les colonnes de mes tableaux (en se servant des waggons actuels). On verra aussi à la page 41, qu'une machine se meut sur un chemin horizontal, lorsque la soupape n'est chargée que de 4 liv. par pouce quarré, ou que la pression est d'environ $\frac{1}{4}$ d'atmosphère, en sus de la pression naturelle, ce qui

prouve la fausseté de l'hypothèse des *Annales*, que la pression utile $= \frac{n}{2} - 1$.

On remarquera encore à la page 205 un tableau qui prouve l'augmentation de la production de vapeur, en même temps que la vitesse augmente, ce que j'ai indiqué pareillement, et que n'ont admis ni le rapport de la commission ni le *Mémoire des Annales*.

Dans le chapitre 8, relatif à l'adhérence des roues des machines sur les bandes de fer du chemin, on voit que dans une épreuve sur la Fury cette machine, du poids de 8 tonn. 2, a remonté, sans que les roues aient glissé, le plan incliné à $\frac{1}{96}$, le poids total du convoi, compris machines, étant 65 tonn. 40, et deux roues seulement travaillaient ; le poids dont elles étaient chargées étant de 5 tonn. 5. En n'admettant que pour 0,014 la somme du coefficient et de la rampe, l'effort de traction aurait encore été de 916 kil. $\frac{1}{6}$ du poids qui portait sur les roues ; c'est la plus grande résistance qui ait été observée par Tredgold ; elle surpasse celle de toutes les autres expériences consignées dans le mémoire précédent.

Le tableau de la page 357 offre aussi un résultat intéressant, et fait voir que la consommation de charbon n'est pas plus de 0 kil. 09 par tonne et par kilomètre pendant le temps d'activité de la machine, et combien il y en a de perdu par l'interruption du service.

Après l'examen de ces divers documens, tous à l'appui de mon opinion, il en reste un dernier qui lui semble contraire : c'est le détail des énormes dépenses qui ont lieu pour le service du chemin de Liverpool ; mais pour reconnaître qu'il n'y a rien en cela qui soit réellement opposé au système que j'ai développé, il faut se rappeler, d'une part, ce que j'ai dit dans le premier mémoire, de l'effet de la montée qui est au milieu de ce chemin, et sur laquelle, même avec 4 machines de renfort, et le nombre de waggons réduit à 8 au lieu de 40. On voit (p. 258) (1) que la machine l'Atlas n'a pas pu conser-

---

(1) **Mémoire de M. de Pambour.**

ver la moitié de la vitésse moyenne du trajet; et comme souvent les convois,
surtout pour voyageurs, sont disposés de manière à passer sans renfort, ils
ne doivent pas alors être de plus du 5ᵉ de ce qu'ils seraient sur un chemin de
niveau. Aussi. les tableaux de M. de Pambour nous apprennent que le tonnage moyen des convois n'est que de 32 tonnes, quand il pourrait être très-
facilement de 150 si le chemin était de niveau.

On remarquera, d'autre part, que le nombre d'heures de service effectif
en 1834 a été de 23,532, la dépense pour les réparations ou renouvellement
des machines 462,527 fr., ce qui revient à 19 fr. 65 c. pour chaque heure de
service effectif; somme qui est au moins six fois plus grande que la dépense
réelle d'entretien des machines du chemin de Roanne ; que chaque machine
n'a parcouru qu'environ 120 kilom. par jour, tandis que dans le service régulier d'une grande ligne elle pourrait en parcourir au moins 360. Que, selon le tableau de la page 384, l'espace moyen parcouru par chaque machine
n'a été que d'environ 6,560 kilom. en six mois, ce qui équivaut à quatre-
vingts voyages (aller et retour), sur la partie du chemin de Saint-Etienne à
Roanne où l'on emploie les machines locomotives, et que le nombre de jours
de réparations a excédé celui des journées de travail : l'on ne voit rien de
semblable sur le chemin de Saint-Etienne à Roanne: les machines y travaillent beaucoup plus, y conduisent de beaucoup plus fortes charges, et on
les répare beaucoup moins. La cause de cette différence est, d'une part,
dans la différence des vitesses, et peut tenir également à ce que l'élévation
du tarif, sur le chemin de Liverpool, donne des bénéfices suffisans pour
qu'on ne regarde pas à la dépense, dont la diminution ne profiterait peut-
être même pas à la compagnie, puisqu'elle devrait baisser ses prix si les
recettes étaient plus fortes.

On reconnaîtra donc que le chemin de Liverpool est absolument exceptionnel, tant par l'effet de la hauteur à franchir dans son milieu, que par
la trop grande vitesse que l'on imprime souvent, aux machines et aux waggons, et par la situation de sa recette; que l'on ne peut dès-lors rien conclure des dépenses de ce chemin, pour connaître celles qui auraient lieu
en France pour le transport des marchandises, et que c'est sous nos yeux
que nous devons puiser les renseignemens que nous offre un service ana-
logue à ceux qu'il conviendrait d'établir en France, sur les grandes lignes
de chemins de fer.